滑坡治理工程勘查设计
技术方法与实例解析

马显春　黄永威　谷明成　肖洋　编著

西南交通大学出版社
·成　都·

图书在版编目（ＣＩＰ）数据

滑坡治理工程勘查设计技术方法与实例解析／马显春等编著. —成都：西南交通大学出版社，2022.4
ISBN 978-7-5643-8560-6

Ⅰ. ①滑… Ⅱ. ①马… Ⅲ. ①滑坡－灾害防治－工程设计 Ⅳ. ①P642.22

中国版本图书馆 CIP 数据核字（2021）第 274885 号

Huapo Zhili Gongcheng Kancha Sheji Jishu Fangfa yu Shili Jiexi
滑坡治理工程勘查设计技术方法与实例解析

马显春　黄永成　谷明成　肖　洋　**编著**

责 任 编 辑	王同晓
封 面 设 计	曹天擎
	西南交通大学出版社
出 版 发 行	（四川省成都市金牛区二环路北一段 111 号 西南交通大学创新大厦 21 楼）
发行部电话	028-87600564　028-87600533
邮 政 编 码	610031
网　　　址	http://www.xnjdcbs.com
印　　　刷	四川玖艺呈现印刷有限公司
成 品 尺 寸	170 mm × 230 mm
印　　　张	13.5
字　　　数	201 千
版　　　次	2022 年 4 月第 1 版
印　　　次	2022 年 4 月第 1 次
书　　　号	ISBN 978-7-5643-8560-6
定　　　价	58.00 元

FOREWORD | **前 言**

　　我国接近 70%的国土为山区，山区特殊的地形和地质环境，导致我国一直是世界上遭受崩塌、滑坡、泥石流等地质灾害较为严重的国家之一。尤其是我国西部地区，地质环境脆弱，自然灾害频发，且规模巨大、危害严重，严重制约了我国西部的经济发展。随着大规模的基础设施建设，人类工程活动使自然条件的改变越来越大，人为诱发的地质灾害也越来越多，其中滑坡规模大、性质复杂，造成的灾害严重，治理的费用昂贵。因此，如何对滑坡灾害进行科学有效的预防和治理，已引起各级领导和相关行业科技人员的重视。

　　新中国成立以来，我国政府一直十分重视地质灾害的预防和治理，加强人员培训，进行地质灾害发生发展规律和预防措施的研究，较系统地掌握了各类滑坡的产生条件、作用因素、发生和运动机理，研发了一整套预防和治理工程措施，成功地治理了数以万计的滑坡，积累了丰富的经验，逐渐由被动治理灾害发展到主动预防灾害的新阶段。

　　中铁西南科学研究院有限公司（原铁道部科学研究院西南分院）是国内成立最早的专门从事泥石流研究的单位，1966 年在峨眉山市建成我国首个最大的泥石流试验室和铁路系统最大的水工试验室，较为系统地开展了泥石流防治工程设计、泥石流软、硬防治方法，泥石流发生的预测、预报、预警以及泥石流运动机理等多项基础研究工作，硕果累累。1989 年完成的《泥石流沟数量化综合评判》《泥石流防治工程设计方法》《泥石流防灾警报装置》和《泥石流运动机理的研究》等四项部级科研成果合并为《泥石流沟判别、警报、防治、机理的研究》，获得了 1989 年铁道部科技进步二等奖和 1991 年国家科技进步二等奖，这是我国泥石流学科中第一个被授予国家级奖励的项目；1991年编辑出版《泥石流防治理论与实践》，系统介绍了我院 30 年来的泥石流研究成果；1988—1990 年完成的《山区铁路沿线暴雨泥石流中、短期预报的研究》，1994 年获铁道部科技进步三等奖，1995 年列入国家重大科技成果，2006年写入国土资源部《崩塌、滑坡、泥石流监测规范》（DZ/T 0221—2006）；2000年参编《中国铁路自然灾害及其防治》；前辈们通过千余条泥石流沟调查统计分析提出的我国特有的泥石流沟评判标准，至今仍在《泥石流灾害防治工程勘查规范》等多个规范中使用。

十多年来，作者与中铁西南科学研究院有限公司的同事，在国土、交通、水利工程等行业承担了数百处滑坡的勘查、设计、施工和咨询工作，其中既有新生滑坡，又有复活的古老滑坡；既有设计和施工不当诱发的工程滑坡，又有因对滑坡性质认识不足、治理方案不当而多次治理的滑坡。由于地质条件复杂、建设周期短、前期工作不足以及年轻技术人员经验不足，本可预防的灾害未能得到有效预防，本可一次根治的滑坡未能得到根治。因此，编者深感有必要对滑坡勘查设计技术方法及十余年来的工作心得进行总结，并选择一些典型滑坡治理的实例，提供给一线年轻技术人员和工程管理者，以提高他们的技术水平，本书尤其适用于初次接触该领域的工程技术及管理人员。

全书共分 4 章，包括滑坡地质灾害概述、滑坡治理工程勘查、滑坡治理工程设计、滑坡治理工程勘查设计实例。

本书由马显春、黄永威、谷明成、肖洋编著。其中，第 1 章，第 2 章的 2.1 节、2.2 节、2.4 节~2.8 节、2.10 节，第 3 章，第 4 章 4.1 节~4.5 节由马显春博士编著，第 2 章 2.3 节、2.9 节由黄永威高级工程师编著，第 4 章 4.6 节、4.7 节由谷明成教授级高级工程师编著。马显春博士负责全书的统稿，黄永威高级工程师负责全书的绘图，谷明成教授级高级工程师负责全书的审核，肖洋高级工程师负责全书的校对。

在白格滑坡、八宿滑坡等青藏高原重大滑坡的现场调查与分析过程中，编者得到了四川大学水利水电学院邓建辉教授的指导。邓教授扎实的理论功底、国际化的视野、严谨勤奋的治学风格，让人永生难忘，深刻影响着我辈日后的工作和生活。在此谨向邓建辉教授致以最崇高的敬意和最由衷的感谢！

本书的出版得到了中铁西南科学研究院有限公司和西南交通大学出版社领导的关心和支持，杨强国高级工程师、上官力工程师做了大量的文整工作。感谢曾经一起工作过的同事给予的关心和帮助。也要感谢参考文献中的作者们，他们的文章给了编著者很好的启发。在此对所有支持和关心本书的领导和同仁表示衷心的感谢！

由于时间仓促，并限于作者的水平，书中难免有不妥之处，希望读者批评指正。

编著者

2021 年 9 月于蓉城

CONTENTS | 目 录

CHAPTER

滑坡地质灾害概述

1.1 滑坡地质灾害的定义及分类

1.1.1 滑坡地质灾害的定义

地质灾害是指由于自然或人为因素引发的，危害或威胁人类生命和财产安全及生存环境质量的不良地质作用和现象。地质灾害在时间和空间上的分布变化规律，既受制于自然环境，又与人类活动有关，往往是人类与自然界相互作用的结果。

滑坡是斜坡岩土体以剪切破坏为主的斜坡破坏，斜坡岩土体沿剪切破坏面向下滑落。滑坡按滑动面或破坏面的纵剖面形态划分为平滑型滑坡和弧形（或转动型）滑坡两种类型。滑坡一年四季都可能发生，一般以外界诱发因素为引发条件，在雨季或春季冰雪融化时多发，危害严重，如图 1-1 所示。

图 1-1 滑坡地质灾害

1.1.2 滑坡地质灾害的分类与分级

1. 滑坡地质灾害的分类

（1）根据滑坡的物质组成、成因类型、受力形式、运动特征、发生年代和滑坡期次，可按表1-1分类。

表1-1 按滑坡的物质组成、成因类型、受力形式、
运动特征、发生年代和滑坡期次分类

划分依据	滑坡类型	特征描述
物质组成	土质滑坡	滑体主要由冲积、洪积、坡积、崩积、残积等土体或松散堆积体组成
	岩质滑坡	滑体主要由各种完整岩体组成，岩体中有节理裂隙切割
成因类型	工程滑坡	由人类工程活动引发的滑坡
	自然滑坡	由自然作用引发的滑坡
受力形式	推移式滑坡	滑坡的滑动面前缓后陡，滑动力主要来自于坡体的中后部，前部为抗滑段。来自坡体中后部的滑动力推动坡体下滑，在后缘先出现拉裂、下错变形，并逐渐挤压前部产生隆起、开裂变形等
	牵引式滑坡	坡体前部因临空条件较好，或受河流冲刷或人工开挖等外在因素的影响，先出现滑动变形，使中后部坡体失去支撑而变形滑动，由此产生逐级后退变形
	混合式滑坡	始滑部位前、后缘结合、共同作用
运动特征	平动滑坡	滑坡在重力作用下，自上而下的平动
	绕水平轴的立面旋转运动滑坡	滑坡在重力作用下，产生自上而下绕水平轴的立面旋转变形破坏
	平面旋转运动滑坡	坡体呈横列式，即横向宽度大于纵向长度，宽长比大多小于2（更多的情况是小于1），近似沿某一斜面绕铅直轴旋转，一般有一个相对稳定的变形中心，或称为砥柱
发生年代	新近滑坡	现今发生或正在发生滑移变形的滑坡
	老滑坡	全新世以来发生滑动，现今整体稳定的滑坡
	古滑坡	全新世以前发生滑动，现今整体稳定的滑坡
滑坡期次	复活型滑坡	古滑坡、老滑坡整体或局部再次活动
	新生型滑坡	初次发生的滑坡

（2）根据滑坡的规模，可按表 1-2 分类。

表 1-2　按滑坡的规模分类

规模等级	巨型滑坡	特大型滑坡	大型滑坡	中型滑坡	小型滑坡
体积 V（$\times 10^4$ m^3）	$V \geqslant 10\ 000$	$1\ 000 \leqslant V$ $< 10\ 000$	$100 \leqslant V$ $< 1\ 000$	$10 \leqslant V$ < 100	$V < 10$

注：不同行业对滑坡规模的分类有所区别。

（3）根据滑体的厚度，可按表 1-3 分类。

表 1-3　按滑体的厚度分类

规模等级	超深层滑坡	深层滑坡	中层滑坡	浅层滑坡
滑体厚度 H/m	$H \geqslant 50$	$25 \leqslant H < 50$	$10 \leqslant H < 25$	$H < 10$

（4）根据滑面倾角，可按表 1-4 分类。

表 1-4　按滑面倾角的分类

划分依据	滑坡类型	特征描述
滑面倾角 $\alpha \geqslant 30°$	陡倾滑面滑坡	滑面陡倾，滑床不满足半无限空间弹性体的条件，对抗滑桩等支挡工程提供的限位能力不足
滑面倾角 $10 < \alpha < 30°$	较陡滑面滑坡	滑面较陡，滑床不满足半无限空间弹性体的条件，对抗滑桩等支挡工程提供的限位能力有限
滑面倾角 $\alpha \leqslant 10°$	缓倾滑面滑坡	滑面缓倾或（接近）水平，滑床（近似）满足半无限空间弹性体的条件

（5）根据滑体变形发展过程中的运动速度，可按表 1-5 分类。

表 1-5　按滑坡的运动速度分类

滑坡类型	超高速滑坡	高速滑坡	快速滑坡	中速滑坡	慢速滑坡	缓慢滑坡	极慢速滑坡
速度限值	> 5 m/s	3 m/min~ 5 m/s	1.8 m/h~ 3 m/min	13 m/month ~1.8 m/h	1.6 m/a~ 13 m/month	0.016 m/a ~1.6 m/a	< 0.016 m/a

2. 滑坡地质灾害的分级

1）地质灾害灾情等级

地质灾害灾情等级，根据人员伤亡和经济损失，可按表 1-6 划分。

表 1-6　地质灾害灾情等级划分

灾情等级	特大型	大型	中型	小型
死亡人数 n/人	$n \geqslant 30$	$10 \leqslant n < 30$	$3 \leqslant n < 10$	$n < 3$
直接经济损失 S/万元	$S \geqslant 1\,000$	$500 \leqslant S < 1\,000$	$100 \leqslant S < 500$	$S < 100$

注："死亡人数"和"直接经济损失"任一个界限值达到上一等级的下限即定为上一等级类型。

2）地质灾害险情等级

地质灾害险情等级，根据直接威胁人数和潜在经济损失，可按表 1-7 划分。

表 1-7　地质灾害险情等级划分

险情等级	特大型	大型	中型	小型
直接威胁人数 n/人	$n \geqslant 1\,000$	$500 \leqslant n < 1\,000$	$100 \leqslant n < 500$	$n < 100$
潜在经济损失 S/万元	$S \geqslant 10\,000$	$5\,000 \leqslant S < 10\,000$	$500 \leqslant S < 5\,000$	$S < 500$

1.2　中国滑坡地质灾害分布规律

1.2.1　滑坡地质灾害分布规律

我国山地面积广、山高谷深、地势陡峻、地质构造复杂、上层岩层相对松软，受重力和水力作用以及山地开发程度的不断加大等因素诱发易产生滑坡。

我国的滑坡主要分布在横断山区、黄土高原区、川北陕南山区、川西北龙门山地区、金沙江中下游河谷地区、川滇南北向条带状地带、汉江河谷（安康—白河）等地段。地域分布以大兴安岭—张家口—榆林—兰州—昌都为界，东南密集，西北稀少。从太行山到秦岭，经鄂西、四川、云南到藏东一带滑坡发育密度极大。青藏高原以东的第二级阶梯，特别是西南地区为我国滑坡灾害的重灾区；黄土高原、四川盆地和云贵高原是滑坡的多发区。这些地区主要有如下的特点：新构造活动的频度高、强度大（含强震区）；中新生代陆相沉积厚度大或其他易形成滑坡的岩土体广泛分布；地表水侵蚀切割强烈；人类活动强度大；暴雨集中。

滑坡主要与地质、气候等因素有关。通常下列地带是滑坡的易发和多发地区：

（1）江、河、湖（水库）、海、沟的岸坡地带；地形高差大的峡谷地区；山区、铁路、公路、工程建筑物的边坡地段等。这些地带为滑坡形成提供了有利的地形地貌条件。

（2）地质构造带之中。如断裂带、地震带等，其岩体破碎、裂隙发育，非常有利于滑坡的形成。通常地震烈度大于 7 度的地区且坡度大于30°的坡体，在地震中极易发生滑坡。

（3）易滑的岩、土分布区。如松散覆盖层、黄土、泥岩、页岩、煤系地层、凝灰岩、片岩、板岩、千枚岩等岩土的存在，为滑坡的形成提供了良好的物质基础。

（4）暴雨多发区或异常的强降雨地区。在这些地区，异常的降雨为滑坡发生提供了有利的诱发因素。

上述地带的叠加区域，就形成了滑坡的密集发育区。如中国从太行山到秦岭，经鄂西、四川、云南到藏东一带就是这种典型地区，滑坡发育密度极大，危害非常严重。

1.2.2　当代灾难性滑坡地质灾害实例

20 世纪 60 年代以来，国内发生过多起灾难性滑坡地质灾害，给人民生命财产造成了重大损失。

1961 年 3 月 6 日，湖南省安化县资水河谷的柘溪水库库岸发生了一起滑坡灾害。当时水库工程尚未竣工，正值施工期间，在大坝上游右岸1.5 km 处发生了体积约 $1.65×10^6$ m³ 的滑坡，滑坡体以 25 m/s 的速度滑入深 50 余米的山区水库，激起的涌浪漫过尚未建成的大坝顶部泄向下游，造成了巨大损失，死亡 40 余人。

1965 年 11 月 23—24 日，云南省禄劝县普福河谷支流烂沟因久雨发生滑坡、崩塌，崩滑体长 6 km、宽 0.6~2 km，体积 $4.5×10^9$ m³，约 $1×10^9$~

$2×10^9\,m^3$ 土石雍入普福河，形成高 167 m 的堰塞坝，积水 $500×10^6\,m^3$，滑坡掩埋了 5 个村庄、1 座石灰窑，造成 444 人丧生。

1967 年 6 月 8 日，四川省甘孜藏族自治州雅江县波斯河乡下日村西南约 1 km 的雅砻江右岸唐古栋发生体积约 $6.8×10^7\,m^3$ 岸坡垮塌滑移，滑坡体在 5 min 之内高速滑入雅砻江并冲向对岸，形成长约 200 m，底宽（沿河长）3 050 m，左、右岸高度分别达到 355 m 和 175 m 的巨型滑坡坝。9 天之后松散的滑坡坝溃决，40 m 高的洪水冲向下游，两岸道路、桥梁、水文站、农舍和农田被毁，造成了重大损失。

1974 年 9 月 14 日，四川省南江县赶场镇旭光乡白梅垭发生约 $700×10^4\,m^3$ 硅质灰岩山体突然滑坡。滑坡从海拔 1 700 m 处滑动，继而转化为泥石流，在 5 min 内流至海拔 800 米的齐坪寺，造成 159 人死亡，8 人重伤，117 间房、829 亩（1 亩 $≈666.667\,m^2$）耕地被毁的重大损失。

1980 年 7 月 3 日，四川省凉山彝族自治州越西县境内，铁西车站南侧牛日河西岸山坡上发生体积约 $220×10^4\,m^3$ 的大型岩石顺层滑坡。滑坡体从 40~50 m 高的采石场边坡下部（高出铁路路基面 10 m 左右）滑落，堆积在采石场平台和路面上。有 $5×10^4\sim6×10^4\,m^3$ 碎石堆压在铁路路基面上，厚约 14 m，掩埋铁路 160 m，导致铁西隧道进口被堵塞，瓦底沟拱涵被埋没，洞口看守房和扳道房被毁坏，铁路行车中断 40 余天，直接经济损失达 1 000 万元。

1983 年 3 月 7 日，甘肃省东乡族自治县果园乡洒勒村北侧的洒勒山发生体积约 $5 000×10^4\,m^3$ 的黄土和第三系砂泥岩的高速远程滑坡，一分钟内滑距达 700~800 m，摧毁了 4 个村庄和两座水库，共造成 227 人死亡，重伤 22 人，埋没牲口 400 余头，毁坏农田 3 千余亩。

1989 年 7 月 10 日，四川省华蓥市溪口镇发生体积约 $100×10^4\,m^3$ 的大滑坡，滑坡以每分钟 15 km 的速度从高程 820 m 的斜坡滑向高程 300 m 的溪口镇，在滑移过程中解体粉碎形成碎屑流，使水泥厂汽车队、川煤十二处机修厂、红岩煤矿、粮管所等单位受灾，毁房 1 300 余间，掩埋汽车 16 辆、库存粮 500 t，致死 221 人，直接经济损失达 600 多万元。

1991 年 6 月 20 日，川藏公路 102 段（西藏波密县）边坡发生了大规模快速滑动。滑坡堵江约 40 min，形成 2.61×10^6 m^3 天然水库，回水长 3 km。溃决洪水冲蚀下游，又导致下游发生大量滑坡，构成了规模宏大的滑坡群，致使 3 km 公路毁于一旦。公路停止运营达一年多。自 1991 年以来，此处每年断道 50 天以上，已发生翻车事故 17 起，翻毁卡车 16 台，报废推土机 2 台，死亡 6 人；2008 年雨季，"102" 滑坡又造成川藏公路多次中断。

1991 年 9 月 23 日，云南省昭通市盘河乡头寨沟村发生 400×10^4 m^3 的玄武岩特大山体滑坡，高速滑入头寨沟后迅速转变为碎屑流顺沟冲出约 4 km。这一重大滑坡灾害共造成 216 人死亡，掩埋牲畜 252 头，毁坏耕地 2.00×10^5 m^2，直接经济损失约 1 200 万元。

1996 年 5 月 31 日和 6 月 3 日，云南省红河州元阳县老金山金矿群采区接连发生两次规模约 5×10^4 m^3、31×10^4 m^3 的滑坡灾害，共造成 111 人死亡、116 人失踪、16 人重伤，数十座矿硐被埋，直接经济损失 114 亿元。

2000 年 4 月 9 日，西藏自治区易贡藏布发生 "易贡滑坡"，约 3.00×10^7 m^3 的岩体从高程 5 000 m 的山顶崩滑，落距约 1 500 m 后，以强大的冲击力撞击扎木弄沟内沉积百年的碎屑物质，旋即转化为超高速块石碎屑流，以锐不可当之势，扫荡谷口两侧山体，在短短的 2 ~ 3 min 内，运移 8 ~ 10 km 后沉积于易贡湖出口处，完全堵塞易贡藏布，形成长达 4.6 km，前沿最宽达 3 km，高达 60 ~ 110 m 的近喇叭状天然坝体。两个月后坝体溃决，下游 10 km 长的川藏公路道路、桥梁被全部冲毁，荡然无存。

2001 年 5 月 1 日，重庆市武隆县发生了一起严重的滑坡灾难，滑塌体长约 40 m，宽约 50 m，剪出口部位滑塌体厚度约 20 m，但整体滑塌体平均厚度仅约 3 m，体积约 5 000 m^3，主滑方向垂直乌江河谷。滑坡摧毁了一幢 9 层商住楼，造成 79 人死亡，阻断 319 国道 4 昼夜。

2013 年 7 月 10 日，四川省都江堰市中兴镇三溪村发生一起特大山体滑坡，体积超过 150×10^4 m^3。这是一次特殊地质和降雨条件下形成的特大型高位山体滑坡，具有隐蔽性强、突发性高、规模大等特征。此次滑坡共计造成死亡（含失踪）161 人。

2015 年 11 月 13 日，浙江省丽水市莲都区雅溪镇里东村发生山体滑坡，滑坡体规模约 $30×10^4$ m³，导致 27 户房屋被埋，37 人遇难。

2017 年 6 月 24 日，四川省阿坝州茂县叠溪镇新磨村新村组后山约 $450×10^4$ m³ 的山体发生顺层高位滑动，瞬间摧毁坡脚的新磨村，掩埋 64 户农房和 1 500 m 道路，堵塞河道 1 000 m，导致 83 人遇难。

2018 年 10 月 10 日，西藏自治区江达县波罗乡白格村发生山体滑坡，堵塞了金沙江上游干流河段，形成堰塞湖；10 月 13 日，滑坡坝漫顶溢流后自然泄洪，逐渐冲刷形成泄流槽；11 月 3 日，白格滑坡后缘再次滑坡，堵塞了泄流槽，形成了规模更大的堰塞湖。白格滑坡是继 1935 年 12 月 22 日巧家县（现属云南省昭通市）沙坝沟滑坡堵江以来，金沙江干流最为严重的堵江事件。滑坡堰塞湖淹没了上游的村庄及各种生产生活设施，同时，溃坝洪水对滑坡处下游的村庄、农田、公路、桥梁等基础设施的冲毁也十分严重。据统计，灾害共造成西藏、四川、云南 3 省（自治区）10.2 万人受灾，8.6 万人紧急转移安置；3 400 余间房屋倒塌，1.8 万间房屋不同程度损坏；农作物受灾面积 $3.5×10^3$ hm²，其中绝收 $1.4×10^3$ hm²；沿江部分地区道路、桥梁、电力等基础设施损失较严重。仅云南省直接经济损失就达 74.3 亿元。

2019 年 7 月 23 日，贵州省六盘水市水城县鸡场镇坪地村岔沟组发生一起特大山体滑坡灾害，滑体沿坡面 2 条原有冲沟铲刮、扩容加速，并转为高速碎屑流下滑，冲击坡面居民点，导致 42 人死亡、9 人失踪，直接经济损失 1.9 亿元。

1.3　地质灾害防治的工作内容

1.3.1　地质灾害防治工作原则

地质灾害防治工作原则是规划、部署和实施地质灾害防治工作的指导思想，这对于地质灾害防治效果具有至关重要的作用。

《国务院关于加强地质灾害防治工作的决定》（国发〔2011〕20号），明确地质灾害防治工作的基本原则是："坚持属地管理、分级负责，明确地方政府的地质灾害防治主体责任，做到政府组织领导、部门分工协作、全社会共同参与；坚持预防为主、防治结合，科学运用监测预警、搬迁避让和工程治理等多种手段，有效规避灾害风险；坚持专群结合、群测群防，充分发挥专业监测机构作用，紧紧依靠广大基层群众全面做好地质灾害防治工作；坚持谁引发、谁治理，对工程建设引发的地质灾害隐患明确防灾责任单位，切实落实防范治理责任；坚持统筹规划、综合治理，在加强地质灾害防治的同时，协调推进山洪等其他灾害防治及生态环境治理工作。"

正确认识地质灾害的性质、类型、范围、规模、机理、运动特征、稳定性和正确预测其发展趋势是防治工作的基础。只要认真细致地勘查，地质灾害是可以认识清楚的，也是可以预防和治理的。反之，忽视或削弱了对地质灾害的地质勘查，预防和治理的失误就在所难免。

地质灾害危害严重，治理费用高，因此在工程建设选址时应充分重视地质勘查，尽量避开大型地质灾害地段以及工程建设后可能产生地质灾害的地段。但是，有些工程建设，如公路、铁路建设，考虑到技术和经济上的合理性，要避开所有的地质灾害或可能产生地质灾害的地段是不可能的。此时，可以在详细的地质勘查基础上，尽量少破坏其稳定性，必要时采取一定的预防加固措施，提高其稳定程度。

对于一些规模较大、危害较严重的地质灾害，应做到一次性根治，不留后患。所采取的治理措施尽量严格，即使将来出现不利因素，也能保持其稳定。在这个问题上，以往曾出现不少失误的案例，或者因为对其性质认识不准，或者因为经济条件限制，经2~3次治理后仍然不稳定，仍在继续发展，也导致治理工程不断遭受破坏，结果是多次治理费用总和远大于一次性根治的费用，而且多次治理带来的间接损失更大。

对于规模巨大、地质条件复杂的地质灾害，短期内不易查明其性质，治理费用特别大，且短期内不可能产生灾害的，可以进行全面规划、分期治理。随着勘查工作的深入，逐步设计和治理。原则上是先做应急工程，防止其进一步发展，再做永久性工程。应急工程和永久性工程应互相衔接、互为补充，形成统一的整体。

地质灾害常常是在多种因素共同作用下发生的，而且不同的地质灾害，主要影响因素和诱发因素可能有一定的差异，有时主要因素存在一定的不确定性，或者随时间的推移和外界条件的改变，发生了变化。因此，在治理地质灾害时，应针对主要因素，采取主要工程措施以消除或控制其影响，并辅以其他措施进行综合治理，以限制其他因素的作用。地质灾害的治理有时还应考虑环境保护和绿化、美化等因素。

地质灾害的发生与发展是一个由小到大逐渐变化的过程，最好把它消灭在初始阶段或萌芽状态。如滑坡处在蠕变阶段时，虽然其后缘拉张裂缝已贯通或有错落，但整个滑动面尚未贯通，抗滑段还有较大的抗力，滑带土强度也未达到残余强度，整体稳定系数仍然大于 1，若在此阶段治理滑坡，则可以充分利用土体自身强度，治理工程的工作量小，可以节约投资。有些地质灾害（如滑坡）具有牵引扩大的性质，若能稳定前一级灾体，则后一级就不能再发展、扩大。因为前一级灾体范围小、治理投资也少，如果等到地质灾害扩大后再治理，难度和工程量均大大增加。

地质灾害治理工程要求在能达到预防和治理目的的前提下，尽量节约投资。对于任何地质灾害，可用于预防和治理的方案有多种，因此，在方案比选时，对于技术可行的方案，要考虑其经济合理性。如滑坡，当有条件在滑坡体上减重、下部压脚时，应优先采用，因为这是比较经济有效的。当无减重、压脚条件时，只能采用支挡工程，但其费用高，这时应对其中的多方案进行比选，包括支挡工程的位置、排数、结构类型等。对一般中小型滑坡可用抗滑挡墙或结合支撑盲沟，对大型滑坡则一般采用抗滑桩和预应力锚索抗滑桩。

地质灾害是较复杂的地质现象，尤其是复杂的大型地质灾害，由于各方面条件的限制，有时仅仅通过勘查很难摸清其真实情况，而通过施工开挖，可能会发现与此前所掌握的资料有一定偏差的情况，则应根据实际情况调整或变更设计，做到动态设计。比如在滑坡治理中，进行抗滑挡墙和抗滑桩的施工时，当第一批基坑开挖所揭露的滑动面上的滑动擦痕方向与桩、墙的方向出入较大时，就应调整设计的受力方向或后几批桩的方向，施工也应作相应的变化。截水隧洞的施工应先开挖检查井，以便依据实际的滑面位置和地下水分布，调整洞的埋深和纵向坡度，以达到最佳排水效果。有时动态施工还需根据滑坡的动态，调整施工顺序和方法，如雨季滑动较剧烈时，抗滑工程基坑应少开挖，而在旱季滑坡相对稳定时可多开挖一些。

一方面，地质灾害防治是技术性很强的工作，防治工程必须完成很多具体技术工作才能获得预期效果，预防、躲避、撤离等非工程措施的采取，也都要在通过科学调查研究、形成正确的预防办法、准确地判断险情及合理地划分危险区的基础上进行。所以必须有足够数量和水平的专业队伍从事技术业务工作。另一方面，地质灾害发生的初步征兆或发展变化常被当地群众首先目睹，受灾对象也多为当地群众。在地质灾害多发区，广大群众对灾害险情常有很高的警觉，有的群众还有一定的防治经验。所以，也可以依靠和发动群众，经常注意发现、上报地质灾害险情。同时，地质灾害的预防和治理措施，特别是区域性防治工作，很多也要通过群众贯彻实施。只有让有关群众掌握相应的灾害防治知识并积极参与，才能保证防治工作的顺利完成。此外，从事地质灾害防治管理工作的地方基层干部、有关领导，一定要对有关的地质灾害防治工作有比较深刻的认识，才能保证组织管理工作的正确、有力，减少决策失误。

地质灾害防治工作很多属于公益性质，常涉及各方面的利害关系，需要有相应的政策、法规去加以协调；依赖群众去实施的地质灾害防治措施，也需要有相应的政策、法规去推动、管理；地质灾害防治工作的管理要依靠各级政府，并涉及很多有关行业，需要明确各自的职责关系和工作制度。因此，必须建立、健全地质灾害防治工作的管理体系和规章制度，并制定、完善有关的政策、法规，以便通过行政手段进行动员，保证防治工作的顺利实施。

1.3.2 地质灾害防治工作的阶段划分

地质灾害防治工作可以划分为以下几个阶段：

1. 地质灾害调查与评估

地质灾害调查与评估主要是将地质灾害体的发育过程及其稳定性认识置于首要地位。调查过程中应尽量收集该区域内水文、气象、地层及岩性资料，并利用简单、易携带的工具和仪器进行大致测量，以此确定地质体的特征、稳定状态和发展趋势，为划分地质灾害分区、论证地质灾害发生的危险性、确定地质灾害"防"与"治"的思路和方向提供依据。地质灾害调查与评估在工作量和工作强度上要小于地质灾害勘查。

2. 地质灾害勘查

地质灾害勘查是用专业技术方法调查分析地质灾害状况和形成发展条件的各项工作的总称。地质灾害治理工程不同于一般建筑工程，它是控制地质作用和改造地质体的特殊工程。地质灾害治理工程措施的选择、工程布置、结构设计和施工要求等都要以地质灾害的发育情况及其防治要求为依据，所以必须做好勘查工作，准确查明地质灾害的特征及致灾的地质环境条件，包括致灾地质作用的性质、原因、变形机制、边界、规模、活动状态、稳定状况、危险程度，以及所处的地质环境条件（如岩土体特性、地下水及降雨情况、地震情况等），并预测评价可能造成的危害（包括可能受灾的人、物或设施的位置、数量、规模、价值及可迁移程度等）。

地质灾害勘查应重视区域地质环境条件的调查，并从区域因素中寻找地质灾害体的形成演化过程和主要作用因素；充分认识灾害体的地质结构，从其结构出发研究其稳定性，重视变形原因的分析，并把它与外界诱发因素相联系，研究主要诱发因素的作用特点与强度（灵敏度）。地质灾害勘查方法选择是强调应用经验与技巧，寻求以最少的工作量和最低的投资，获得最佳的勘查效果。勘查工作量确定的最基本原则是能够查明地质体的形态结构特征和变形破坏的作用因素，满足稳定性评价对有关参数的需求。在此前提下，勘查工作量越少越好，使用的勘查方法越少越好，勘查设备越简单越好，勘查周期越短越好。一般而言，勘查工作量依据地质灾害体的规模、复杂程度和勘查技术方法的效果综合确定。稳定性评价和治理工程设计参数有较大的不唯一性和较强的离散性，应根据地质灾害个体的特点与作用因素综合确定，进行多状态的模拟计算。勘查阶段结束不等于勘查工作结束，后续的工作如监测或施工开挖常常能补充、修正勘查阶段的认识，甚至完全改变以前的结论。因此，地质灾害勘查具有延续性，即使是非常认真详细的工作，也不能过于希望毕其功于一役。勘查队伍是实现勘查目标、选择合理勘查方法和优化勘查工作量的关键。从事地质灾害勘查的工作实体应在地质专业技术人才、勘查设备和室内分析试验等方面具备条件，并拥有相应的资质证书。

3. 地质灾害治理工程设计

地质灾害治理工程设计一般包括可行性研究、初步设计和施工图设计（有时也将可行性研究、初步设计合并），并编制相应的估算、概算和预算。当施工过程中发现实际地质条件与设计条件不一致时，应及时根据现场开挖后的实际情况做出合理的设计变更。

1）确定地质灾害治理目标

地质灾害治理目标包括形象目标和安全目标。形象目标是指治理对象的部位、范围；安全目标是指经过工程治理所应达到的安全标准。明确治理目标是地质灾害治理工作的重要环节。

确定治理对象的范围，一般应以致灾地质作用的活动单元为界，作整体考虑，不宜随便切割取舍。但在总体范围内，则应视地质灾害险情或灾情的轻重缓急划分出重点与一般，或主要与次要的不同部位，并加以区别对待。

对于治理工程应达到的安全标准，应根据所欲保护的受灾对象的重要性及可撤离程度，地方的财力水平和有关的工程规范合理确定。

关键是适度，既不能标准过低、治而无效，又不能过分追求高标准，浪费国家资金。但对一个治理对象的不同部位或不同影响方面，也可以区别对待。

2）经多方案比选确定治理工程方案

对任何一处地质灾害的治理，为达到稳定变形地质体和控制致灾地质作用的目的，常有多种工程方案可供选用。工程方案的选择是否合理常常影响到治理工程的效益。因此，必须进行多方案的慎重比选，从中选出最好的方案。方案比选的依据是地质有效性、技术可行性和经济合理性。所谓地质有效性，是指能有效地达到稳定变形地质体或控制致灾地质作用的目的，而又不会引起其他不良地质后果。所谓技术可行性，是指在技术方法、施工设备、材料及施工条件等方面不存在大的困难。经济合理性是指投资相对较低，较易承受。这三者要相互结合，综合考虑。对于重大地质灾害治理工程，需进行专门的可行性论证。

4. 地质灾害治理工程施工

选择合适的施工方法，既能顺利地完成本身的施工任务，又不至于因施工扰动而对变形地质体造成新的破坏。对每种新的或有破坏性的施工方法，采用之前都要进行方法（工艺）试验。

施工程序包括治理工程总体的阶段程序和具体治理工程单元的施工程序。每处治理工程的效果并不是都能一次性预见的，治理工程对变形地质体的长期扰动效应也不一定能很快暴露出来，有时需要通过局部或前期工程实践才能有把握地确定下一步工程的做法。所以，地质灾害治理工程的施工要分阶段进行，以便根据前期效果修改后期工程设计。在施工中遇到地质情况与设计所预计的不同或发生新的变化时，应及时修改设计，使施工设计或工程结构设计能适应新的地质情况。

5. 地质灾害及其治理工程的监测

地质灾害的发展情况需要通过监测才能较准确地掌握，地质灾害治理工程的效果也需要通过监测对比才能反映出来。因此，必须重视和加强地质灾害监测工作，使之贯穿于地质灾害治理工作的始终。监测内容应根据地质灾害的性质及治理措施而定，监测方法以经济实用为原则。监测网一经建立，就要按预定计划持之以恒地监测，并及时整理、分析监测资料，定期进行动态评价，发现险情及时上报。

CHAPTER

滑坡治理工程勘查

2.1 滑坡的鉴别

滑坡的发育过程受其内在地质条件和外界因素控制，滑动后会在地表留下各种滑坡构造形迹。调查分析这些滑坡构造形迹的展布规律和特征，进行滑坡的野外鉴别，是分析滑坡形成机制和进行滑坡治理的基础和前提。滑坡的鉴别也是工程地质勘查的主要内容之一。如果对于滑坡或易滑动的斜坡缺乏正确的认识，将工程建筑物设置在易滑动地段，在施工期及运营期可能会引发古老滑坡的复活或产生新的滑坡，对工程造成极大的危害。

图 2-1 所示是一个典型的滑坡变形，往往坡体的某一部位由于多种原因在岩土体的强度小于应力作用时发生变形，引起后部坡体发生牵引式的主动破裂面，反映在地面上表现为滑坡后缘出现一些断续状的不连续张拉裂缝。随着坡体的时效变形或在其他不利因素的作用下，滑坡后缘裂缝逐渐贯通并发生下错，岩土体的内摩擦角转化为外摩擦角时，后部滑体将作用于主滑段滑体。由于后部滑体的推挤作用或地下水等不利因素的作用，滑坡的主滑带不断向下贯通发展，反映在地面上表现为滑坡的侧界出现羽状裂缝，并导致滑坡前部的抗滑段产生纵向裂缝或鼓胀裂缝。随着滑坡的不断发展，在滑坡前缘剪出口形成时，滑坡的滑面全部贯通，滑坡两侧的羽状裂缝完全被错断连通而形成贯通的滑坡周界，滑坡前缘可能出现小规模的坍塌，或者地下水渗流出现中断或突然出现混浊，表示滑坡即将出现大的滑动。

 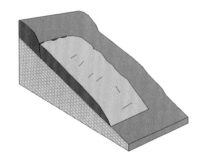

（a）原始稳定阶段　　　　　　　　（b）蠕滑阶段

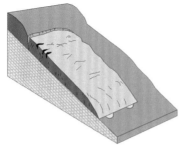

（c）滑动阶段　　　　　　　　　（d）剧滑阶段

图 2-1　滑坡形成过程示意图

2.1.1 滑坡发育的内在地质条件

1. 地层岩性

地层岩性是产生滑坡的物质基础。滑坡的产生多与泥质地层的存在密切相关，主要因为此类易滑地层岩性软弱，在水和其他因素的影响下，往往构成潜在滑动面（带）。我国主要易滑地层及其分布地区见表 2-1。

表 2-1　我国主要易滑地层及分布地区

易滑地层岩性	主要分布
黏性土：冲积、湖积和残积黏土，杂色黏土，膨胀性裂隙黏土	中南地区、西南地区、长江中下游
黄土	黄土高原
碎石土：坡积、洪积、堆积及混合堆积的粉质黏土夹碎石角砾	山区和丘陵
软弱夹层：页岩、泥岩、泥灰岩等	西南、西北各省
变质岩类：千枚岩、片岩、板岩、煤系等	西南、西北、东南各省

根据滑坡区内地层层序和产状的异常现象可以区分滑坡体和未扰动坡体的界线。在滑坡区内，滑坡体在脱离未扰动坡体的滑移过程中，岩土体常有扰动松脱现象。滑坡体的层位和产状特征常与外围岩体不连续，局部可能出现新老地层倒置的现象。滑坡造成的地层层序和产状特征的异

常往往易与断层相混淆，在野外调查时应注意加以区分。其主要区别为：

（1）滑坡改变岩体结构的范围不大，而断层改变岩体结构的范围大，一般顺走向延伸较远。

（2）滑坡体常具折扭、张裂、充泥等松动破坏迹象，而断层上盘的岩体破碎多数是由有规律的节理切割而成。

（3）滑坡塑性变形带的物质成分较杂，厚度变化大，挤碎性差，所含砾石磨光性强，而断层带的物质成分较单一，厚度较稳定，破碎较强烈，常形成断层角砾岩或断层泥。

2. 地质构造

地质构造条件控制了滑坡滑动面的空间位置和滑坡范围，在大的构造断裂带附近滑坡往往成群出现。各种结构面与斜坡临空面或人工开挖面的组合关系，控制着斜坡的稳定性。地质构造条件还决定了滑坡区地下水的分布和运动规律。滑坡是在地表浅层由各种结构面圈定的以水平滑移为主的运动地质块体。组成滑坡的各要素都是有一定产状的构造成分。这些构造成分一般仅限于地壳表层，且是在外力作用下产生的，可以称为滑坡构造。

不同性质的结构面在滑体内有着一定的展布规律。如，滑坡壁和洼地所组成的地堑式陷落带是在主滑动力作用下形成的，地表出现一系列拉张裂缝，这些张性结构面的倾向与滑坡壁相反。滑坡左右侧的羽状裂缝组，是在力偶作用下形成的次级张性结构面。这些次级张性结构面呈雁行状排列，缝壁两侧面粗糙不平且呈张开状。在滑坡舌部前缘，则产生与主滑方向正交的压性结构面及次一级鼓胀裂缝。在主滑剖面上，一般规律是滑坡壁与陷落段的滑面倾向坡脚，且倾角较陡，至主滑地段滑面逐渐变缓。而抗滑地段滑面背向坡角呈"反倾"，其倾角由极平缓直到很陡；当倾角极小时，抗滑地段不明显。

在许多滑坡中，滑坡壁或其他要素往往追踪古老地质构造面而发育，某些滑坡构造又与一般地质构造很相似。因此正确识别滑坡构造与一般地质构造是滑坡野外鉴别的基本工作。滑坡构造与一般地质构造的主要区别如下：

（1）不同的滑坡构造出现的相互位置较固定。例如滑坡地堑出现在坡面较高的部位，而滑坡地层褶皱和滑坡舌逆掩现象则出现在坡脚附近，一般地质构造现象本身则不受山坡部位高低的限制。

（2）滑坡构造的展布范围一般较小，而一般地质构造的展布范围则往往较大。

（3）各种滑坡构造张裂缝中，往往充填有松散土石和岩屑角砾，这类充填物除多孔隙外无任何动力变质现象；而一般地质构造形成的破碎带中，充填物少有直观的孔隙，多具有动力变质现象以及糜棱化和角砾化现象。

（4）滑坡擦痕方向与主滑方向一致，仅存在于黏性软塑带中或基岩表层，痕槽深浅及方向随不同部位稍有变化；而断层擦痕与坡向或滑坡方向无关，且常深入基岩呈平行的多层状，痕槽深浅及方向较有规律性。

（5）滑坡地层褶皱的次级张性断裂都是开口的，折断处参差不齐，褶皱轴部的硬岩层保持不变的厚度；而一般地层褶皱的岩层往往有减薄或构造尖灭现象，折断处是圆顺的。

3. 水文地质特征

滑坡区普遍存在地下水。滑坡发生前后的水文地质条件会相应产生不同程度和不同性质的变化。滑坡发生后，滑移体上部的张性裂隙可以直接接受大气降水的补给；滑带土则形成相对不透水的隔水层，滑体内部的地下水常富集于中下部，斜坡含水层的原始地下水赋存条件常被破坏，在滑坡区内形成复杂的单独含水体，在滑动带前缘常有成排的泉水出现，或形成带状湿地。

滑坡区的地下水有下列几种主要类型：

（1）上层滞水：指埋藏较浅、分布不连续的地下水。主要埋藏分布于黏性土层中呈透镜状的碎卵石层中，以及基岩风化带的上部，其动态完全决定于大气降水。它的活动常是产生中、浅层滑坡的主要原因。

（2）基岩裂隙水：是基岩滑坡的主要地下水类型之一。赋存于基岩裂隙之中，既有无压水，也有承压水。在裂隙连通的情况下与滑带水常有水力联系。

（3）滑带水：指埋藏于滑动带附近的地下水，多半汇集于滑坡中前部的凹槽之中。滑带水对中、深层滑坡起主要作用。

滑坡地下水的补给来源可以是大气降水和地表水入渗，也可以是基岩裂隙水、断层水和第四纪含水层等。大气降水与滑坡的关系十分密切，很多滑坡都是在暴雨之后形成的。断裂在基岩中形成地下水的网络通道。正断层一般破碎带较宽，透水良好，可沟通错动范围内各层地下水；而逆断层一般不含水，有时能起一定的隔水作用。

滑坡地下水的排泄条件往往影响滑坡的稳定性。在地下水排泄条件不良时，会在滑动带附近积蓄动水压力，从而破坏滑坡的稳定。沿着滑坡裂隙发育的冲沟，往往有利于地下水的排泄。在冲沟发育地段，滑坡的整体稳定性较好，而在冲沟不发育地段则稳定性较差。

地下水在斜坡中的活动与滑坡的形成有密切的关系。地下水在硬质岩地层中沿软弱破碎带或薄风化层活动时，岩层可能沿该软弱面（带）产生滑动。黏性土层一般上部较松散，下部较致密，当水下渗后沿其上下部分界面活动时，常使上部土层沿此软弱面滑动。风化岩层干燥时呈散粒碎屑状，遇水潮湿后易形成表面溜滑。残坡积黏土中的地下水常沿黏土与下伏基岩的分界面活动，沿基岩顶面形成滑坡。

2.1.2　滑坡区地形地貌

滑坡体的运动过程大致可分为四个阶段。

1. 蠕滑阶段

斜坡内部由于软弱面的存在及应力分布不均匀，某一部分出现缓慢的变形，主要表现为斜坡顶面出现拉张裂缝，内部也产生张裂隙、剪裂面或原有结构面张裂，并逐渐连通。在此阶段斜坡前部的岩土体会沿软弱面局部向临空方向缓慢位移，即出现蠕滑现象。

2. 滑动阶段

当若干裂隙渐渐连通，或软弱层中形成一个整体的滑移面时，蠕滑岩土体的后部及两侧主裂缝连通，两侧羽状裂缝形成，前部会断续出现鼓胀裂缝和不连续放射状裂缝。此时，滑坡体形成。这个阶段称为滑动阶段。

3. 剧滑阶段

随着滑坡体滑移速度加快，后缘张裂缝急剧张开，并发生错动，两侧及前缘表部坍塌，滑坡体快速向前运动，经常会发出岩石挤压破碎的响声，当滑移速度很大时，甚至会产生气浪，有时随滑坡体流出大量泥浆，后壁不断坍塌，这个阶段称剧滑阶段。此阶段滑坡破坏力最强、危害最大。

4. 稳定阶段

经快速滑移后，滑坡体重心降低，能量逐渐消耗于克服滑床阻力和滑坡体内部的变形中，加之部分地下水的排出使滑动带岩土强度有所恢复，滑坡体的滑速渐减，滑坡体趋于稳定。

在上述四个阶段中，剧滑阶段不是一个必有的阶段，有的滑坡滑动面总体倾角较平缓，抗滑段（滑面）比较长，可以不出现剧滑阶段，而由滑动阶段直接进入稳定阶段。但是，也有的滑坡主要表现为剧滑，在较短时间内即完成滑动过程，蠕滑阶段不明显。

滑坡在平面上的边界和形态特征与滑坡的规模、类型及所处的发育阶段有关。滑坡的地形地貌要素一般包括：

（1）滑坡后壁：位于滑坡后部由于滑体下滑形成的较大陡坎，主要由滑体滑移时形成的主动破裂面所致。其中土质或类土质滑坡的后壁在平面形态上常呈圈椅状，岩质滑坡的后壁在平面形态上常呈直线状。如图 2-2 所示。

（2）滑坡侧壁：滑坡周界贯通后由于滑坡滑动后与两侧稳定岩土体之间形成的摩擦面（如图 2-3 所示）。滑坡体两侧常形成沟谷（如图 2-5 所示），造成双沟同源现象，而一般山坡上的沟谷多为一沟数源。环抱滑坡体两侧的冲沟多数并非真正同源，只是上游距离较近而下游距离较远。这些冲沟中往往沟底堆积物不厚或出露基岩。

（3）滑坡台阶：由于各段滑体运动速度的差异而在滑体表面形成的滑坡错台（如图 2-6 所示），岩质滑坡中常形成拉陷槽（如图 2-4 所示）。

（4）滑坡舌：又称滑坡前缘或滑坡头，在滑坡前部，形如舌状伸入沟谷或河流，甚至越过河对岸，如图 2-7 所示。在滑坡舌附近常有地下水渗出，如图 2-12 所示。

（5）滑坡洼地：滑坡滑动后在后部形成的相对封闭的，低于前、后坡体的低凹地形。有时，滑坡洼地可积水成湖，称为滑坡湖。如图 2-8 所示。

（6）滑坡裂缝：分布在滑坡体后缘由于牵引或后壁卸荷形成的牵引状断续裂缝，如图 2-13 所示；分布在滑坡体上的拉张裂缝，如图 2-9 所示；分布在滑体中部两侧滑坡周界的羽状剪切裂缝，如图 2-10 所示；分布在滑坡体中前部由于滑体向前挤压形成的纵向放射状裂缝；分布在滑坡前缘由于滑体向前挤压形成的垄状物和由此形成的垂直于主滑方向的鼓胀裂缝，如图 2-11 所示。

滑坡远观地形地貌如图 2-14 所示。

图 2-2 滑坡后壁

图 2-3 滑坡侧壁

图 2-4 滑坡拉陷槽

图 2-5 滑坡体两侧的沟谷

图 2-6 滑坡台阶

图 2-7 滑坡舌

图 2-8　滑坡湖

图 2-9　滑坡体的拉张裂缝

图 2-10　滑坡周界的剪切裂缝

图 2-11　滑坡前缘挡墙的鼓胀变形

图 2-12　滑坡前缘渗水点

图 2-13　滑坡体后缘地表的牵引裂缝

图 2-14　滑坡整体地形地貌

2.1.3 滑坡的野外鉴别

1. 新近滑坡的野外鉴别

新近滑坡作为一种特殊的地形地貌，在宏观上远眺可以观察新近滑坡的周界，滑体在滑动过程中会产生各种裂缝、台阶、褶皱、镜面擦痕等滑动形迹，可根据所有滑动形迹在空间的展布规律来确定滑坡的范围。新近滑坡的擦痕是新鲜的，在野外较易于识别，根据擦痕的方向和所处的部位，可判断滑体各部分的滑移方向和受力状态。对于人为因素造成地形破坏占比较多的滑坡，应仔细观察残留的滑动形迹，分析其所代表的受力状态，确定其在滑坡体上的相对部位，然后根据各种形迹的展布规律，推断滑坡的存在及其展布范围。

2018 年 10 月 10 日 22 时 06 分（根据邻近地震台网校正后的滑坡发生时间），西藏自治区江达县波罗乡白格村发生山体滑坡，堵塞了金沙江上游干流河段，形成堰塞湖，该滑坡被称为白格"10·10 滑坡"。11 月 3 日 17 时 40 分，白格"10·10 滑坡"后缘再次滑坡，堵塞了泄流槽，形成了规模更大的堰塞湖。滑坡区地形地貌见图 2-15。根据白格"10·10"

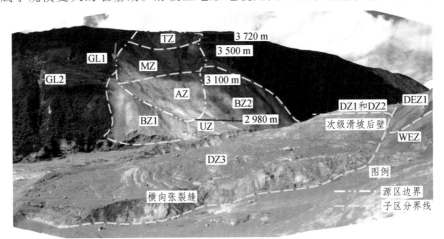

AZ—阻滑区；BR1、BR2—基岩区与编号；DEZ1—碎屑冲刷区与编号；
DZ1~DZ3—堆积区与编号；GL1、GL2—冲沟与编号；MZ—主滑区；
TZ—牵引区；UZ—未扰动区；WEZ—射流冲刷区；
BZ1、BZ2—表面被滑坡碎屑冲刷的基岩区。
图 2-15　白格"10·10"滑坡地形地貌（据邓建辉，2018）

滑坡的变形特征，可以判断其是一个高位、高剪出口、高速非完全楔形体新生基岩滑坡，原因有：① 滑坡的阻滑段基岩剪断特征十分显著；② 滑坡的启动速度很快，不但剪出口下部的杂草完全保留，且主滑区和阻滑区部分滑体未直接撞击河水，直接从河面以上飞到了对岸；③ 滑坡速度很快，主滑区和阻滑区部分滑体撞击对岸后逆坡爬高达 95 m（最大高程为 3 045 m），远高于"11·3"滑坡的速度；④ 滑坡原地形上的平台发育规整，2 条小沟顺坡向平行发育，未见双沟同源现象。滑坡的孕育时间至少达 10 年之久，可以理解为阻滑段的渐进破坏时间。

2. 古老滑坡的野外鉴别

古老滑坡往往受后期剥蚀夷平风化作用的改造，滑坡要素短缺或变得模糊不清。古老滑坡的野外鉴别，应首先在宏观上远眺其与周围斜坡的异常之处，然后进一步分析对比斜坡地貌的发育过程，从而推断古老滑坡的存在。古老滑坡的野外鉴别特征如下：

（1）河流阶地的变位：滑坡使阶地的原始产状和特征遭到破坏，使阶地平台不再连续，使阶地前缘与河床的距离缩短，使阶地高程降低，与区域上相应阶地的高程产生差异性变位。

（2）坡面地形的菱形转折：正常坡面在纵断面上多呈浑圆状的凸形坡或凹形坡，而高陡滑坡壁的存在，会使斜坡纵断面上出现明显的菱形转折。当古老滑坡的后壁受风化剥蚀夷平作用而变得模糊不清时，要认真观察对比，以便正确地进行鉴别。

（3）河流凹岸中的局部凸出：河道水流对凹岸的强烈冲刷，常造成滑坡。滑坡体的前缘伸入河道，占据部分河床，形成河流凹岸中的局部凸出。在后期河流冲刷改造后岸边仍残留有巨大的孤石，这是古老滑坡存在的一种标志。平面上斜坡堆积物在阶地面上的明显凸出也是古老滑坡存在的标志。

（4）圈椅状或马蹄状洼地：在正常的斜坡上出现低于周围原坡面的圈椅状或马蹄状洼地，洼地内部起伏不平，甚至出现向坡内反倾的台地，内部冲沟发育，方向紊乱。这些冲沟往往沿古老滑坡的裂缝发育。洼地两侧发育的冲沟往往呈双沟同源现象。

（5）基岩陡坡区域内的局部缓坡：在由基岩组成的陡坡地段，由于滑坡使地形坡度减缓，构成由松散碎石夹土组成的局部滑坡。

作者曾于 2020 年跟随邓建辉教授一起考察青藏高原重大滑坡，在怒江右岸的八宿县城发现一处巨型滑坡，即"八宿滑坡"。从滑坡与冷曲的演变过程来看，八宿滑坡的发生时间应在晚更新世，即滑坡为一古滑坡。滑坡区地形地貌见图 2-16。

图 2-16　八宿滑坡区地形地貌

八宿滑坡发育于怒江缝合带的夏里—八宿裂谷带内，多条逆冲断层穿过滑坡区，沿断裂有强蚀变超基性岩侵入。滑坡区横跨冷曲的左右两岸，长约 7 200 m，宽约 4 800 m，面积约 22.5 km^2，源区基岩方量约 35×10^8 m^3，堆积体残留体积约 14×10^8 m^3。八宿滑坡极可能属于地震诱发的高速堵江滑坡，堰塞坝高度约 185 m，堆积体碎裂化严重，且在冷曲右岸爬升超过 600 m。滑坡形成后，堆积体历经了堰塞坝溃决、多拉寺次级滑坡、泥石流堆积与冲刷、表面流水冲刷等改造过程，但是滑坡地貌特征整体保存良好。由于滑坡和泥石流堵江，冷曲在滑坡区先后两次改道。

滑坡源区位于冷曲左岸，圈椅状地形和双沟同源等地貌特征较为显著（图 2-17）。虽然滑坡区的地貌形态十分清晰，但是受堰塞坝溃决、左岸生作龙坝沟（G1）泥石流，以及右岸多拉寺次级滑坡等因素影响，滑坡堆积体的后期改造强烈。

滑坡区出露的基岩包括古生界嘉玉桥岩群（$Pzjy^1$、$Pzjy^2$）、中生界侏罗系马里组（J_2m）和多尼组（J_3-K_1d），以及新生界新近系拉屋拉组（Nl）地层，如图 2-17、图 2-18 所示。

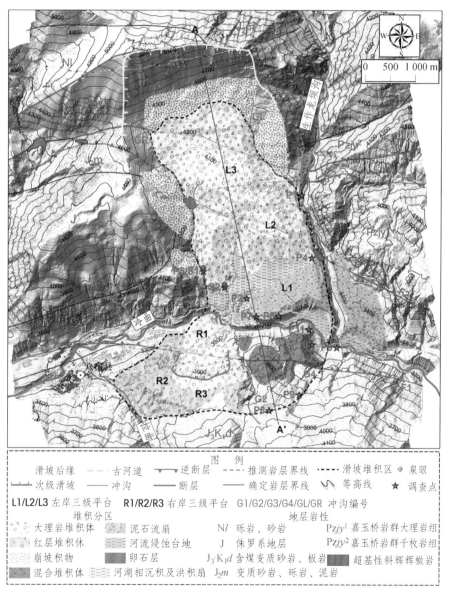

图 2-17　八宿滑坡地形地质图（据邓建辉，2021）

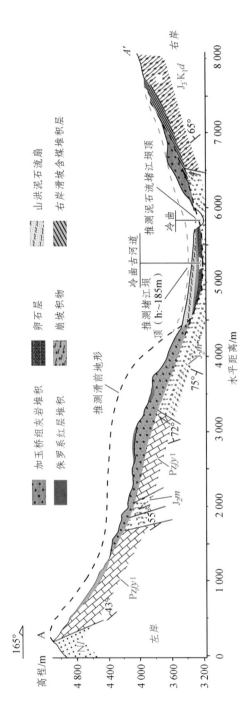

图 2-18　八宿滑坡纵剖面图（据邓建辉，2021）

冷曲左岸滑坡源区出露的主要地层包括嘉玉桥岩群和马里组。嘉玉桥岩群可以划分为两组：下部为大理岩组（$Pzjy^1$），以大理岩为主，夹变质砂岩和白云石英片岩；上部为千枚岩组（$Pzjy^2$），主要为绢云石英千枚岩，次为变质砂岩、石英绢云千枚岩和少量砂质结晶灰岩。滑坡区出露的主要是大理岩组（$Pzjy^1$），出露于左岸坡体中上部，岩层平均产状为$190°\angle 55°$，总体上倾向南，与左岸坡面倾向基本一致，倾角偏大。马里组（J_2m）岩性不稳定，总体岩石组合为杂色变质砂岩、含砾砂岩、砾岩、泥板岩夹灰岩。该组中火山岩也十分常见，以碱性玄武岩为主。马里组出露于左、右岸坡体下部，即河谷地带。该组颜色以紫红色为主（红层），且泥裂、波痕等层面构造十分常见，局部可见恐龙脚印，主要岩层产状为$5°\sim 25°\angle 53°\sim 90°$，相对于左岸源区为陡倾逆坡向。

冷曲右岸出露的地层主要是马里组（J_2m）和多尼组（$J_3\text{-}K_1d$），构成滑坡堆积区的下伏岩层。多尼组（J_3K_1d）为海陆相交互含煤地层，岩性为以板岩为主的砂岩和板岩组合，出露于冷曲右岸上部，颜色以黑色为主。

滑坡源区右侧边界外的地层，区调图上标为嘉玉桥岩群，经现场考证主要为浅色薄层砂岩、灰岩夹基性火山岩，疑属于侏罗系中下统桑卡拉佣组（J_2s）和拉贡塘组（$J_{2\text{-}3}l$）地层。因与滑坡孕育无直接关系，且工作欠深入，图 2-17 中仅以侏罗系地层表征。边界外的另一地层是拉屋拉组（Nl），为一套陆相河湖沉积的紫红色碎屑岩、泥岩，未变质。

腊久—八宿断裂（F1）和夏里—雅弄断裂（F2）是滑坡区的 2 条主要断裂，总体均呈西北—东南向展布。两断裂也是夏里—八宿裂谷带的南北边界断裂。腊久—八宿断裂（F1）出露于冷曲右岸，是马里组和多尼组的分界断层，总体走向$310°$，倾向北东，倾角$50°\sim 60°$。夏里—雅弄断裂（F2）出露于冷曲左岸，总体走向$320°\sim 330°$，倾角$52°\sim 67°$，该断裂最宽可达 200 m，最窄约 6 m。在滑坡区，沿该断裂带侵入的全蛇纹石化斜辉辉橄岩十分常见。F3 为嘉玉桥组与马里组之间的滑脱界面，从生作龙坝沟露头来看，F3 断层面错断了全新世崩坡堆积层，断层面倾向南，倾角$50°$。

1）左岸残留堆积体地质与地貌特征

左岸的残留滑坡堆积体平均坡度约 20°；后缘较陡，可达 32°。左岸堆积体发育 3 级平台，第 1 级平台（L1）分布于高程 3 345～3 470 m；第 2 级平台（L2）高程 3 790～3 850 m；第 3 级平台（L3）高程 4 050～4 160 m。

第 1 级平台左高右低，不是残留滑坡堆积体的一部分，而是堰塞坝溃决后生作龙坝沟（G1）古泥石流堆积扇的残体。滑坡的左侧冲沟（GL）源于第 3 级平台的左后侧，离开滑坡边界后汇入生作龙坝沟，即生作龙坝沟并非滑坡发生后侵蚀形成的左侧边界，滑坡左侧边界位于该沟右侧岸坡的中部，拔河高程约 100 m[图 2-19（a）中虚线为滑坡边界]。生作龙坝沟源头冰碛物丰富，进入间冰期后大量冰碛物涌出，部分残留于滑坡的左侧边界外形成一平台（高程 3 490～3 540 m），同时在沟口形成了

（a）沟内泥石流堆积平台

（b）泥石流堵江形成的水平沉积物

（c）泥石流扇溃决产生的岸坡冲刷

注：虚线为滑坡边界；点划线为古河道；GL 为左侧冲沟；照片位置分别见图 2-17 的点位 P1、P2 和 P3。

图 2-19　生作龙坝沟（G1）泥石流堆积与侵蚀特征（据邓建辉，2021）

一个面积近 3 km² 的泥石流堆积扇。平台表面目前大部分被滑坡堆积体的坡积物覆盖。从泥石流扇的面积和厚度来看，其也曾堰塞冷曲，位于多拉寺对岸。高程约 3 300 m 处残留的近水平卵石层和粉细砂与黏土层应该是这次泥石流堵江事件的证据[图 2-19（b）]。泥石流堰塞坝溃决侵蚀冷曲左岸形成了亚嘎和普嘎两个台地，其中亚嘎为西巴村所在地。同时，由于泥石流扇的推挤作用，沟口冷曲改道，将原基岩小山包一分为二[图 2-19（c）中点划线为古河道]。

　　第 2 级平台宽度最小，内侧略低，中部发育一条小冲沟。碎屑成分外侧为大理岩，高程较低的内侧砾岩成分较多，推测来源于 F3 断层下盘的马里组基岩。

　　第 3 级平台宽度最大，碎屑成分为嘉玉桥岩群的大理岩（Pzjy^1），该平台的后缘为后期的崩坡堆积层。

　　左、右侧冲沟与河谷泥石流扇下部均可见滑带（图 2-20）。滑带整体上以紫黏土为主，局部裹挟全蛇纹石化斜辉辉橄岩碎屑。泥石流扇部位的滑带下部为卵石层，再下为基岩。该部位是滑带出露的最低高程，因此卵石层应该属于滑坡时的冷曲河床。图 2-20（c）中的粉状大理岩碎屑也应该是滑体掠过河床时碎屑颗粒沉淀堆积的结果。左岸可见两泉眼（图 2-17 中的 S1 和 S2），均沿滑带顶部出露。

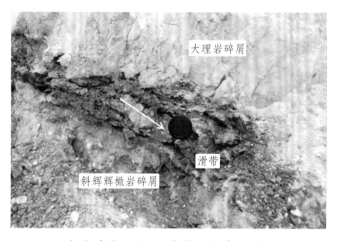

（a）高程 3 510 m（图 2-17 中 P4）

（b）高程 3 550 m（图 2-17 中 P5）

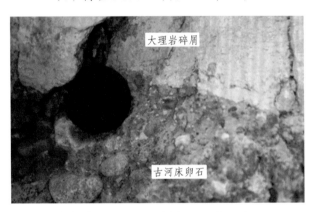

（c）高程 3 250 m（图 2-17 中 P6）

（d）高程 3 250 m（图 2-17 中 P7）

图 2-20　左岸出露的滑带特征（据邓建辉，2021）

2）右岸残留堆积体地质与地貌特征

冷曲右岸残留滑坡堆积体分布于高程 3 250 ~ 3 860 m，分布范围基本上与多拉神山一致，坡面平均坡度约 27°。右岸堆积体也发育 3 级平台：

第 1 级平台（R1）高程 3 300 ~ 3 340 m，为多拉寺次级滑坡体顶面，主要成分为大理岩。其后壁靠近上游一侧可见紫红色黏土，夹砂岩碎石。次级滑坡体的前缘为 G318 国道，高程约 3 250 m，内侧开挖剖面揭示的滑带为条带状的紫红色黏土与风化的全蛇纹石化斜辉辉橄岩，下部为卵石层。

第 2 级平台（R2）高程约 3 550 m，为紫红色黏土与砂岩碎石堆积层。该层的范围较广，上游曾堵塞拉曲，拉曲左岸尚有部分残留；南侧到达后山山脚；底部高程与八宿县城基本一致。该层底部可见卵石层，为冷曲古道河床物质，即八宿滑坡曾导致冷曲县城段改道。推测冷曲县城段古河道见图 2-17。

第 3 级平台（R3）高程 3 630 ~ 3 670 m，主要为大理岩块石堆积层，最大尺寸近 10 m。多拉寺滑坡就是该平台产生的次级滑移，原因与八宿滑坡堰塞坝溃决有关。

第 3 级平台下游侧的堆积体为大理岩碎屑与紫红色红层混杂堆积，坡面侵蚀严重，既包括流水侵蚀，也包括次级滑坡侵蚀。从残留堆积体特征来看，几个特征比较显著。首先，滑坡速度很快。残留的滑坡舌部最大高程达 3 860 m[图 2-21（a）]，相对于滑坡时的河床高程 3 250 m，滑坡体在冷曲右岸爬升超过 600 m，是目前已经确认的滑坡中爬升高度最大的。其次，滑坡到达最高部位后，由于坡度过陡，部分滑体出现过反向滑动。这一现象主要出现在滑坡前缘左侧冲沟 G3 和 G4 源头[图 2-21（b）]，该部位本身就是一个老滑坡，基岩为多尼组（$J_3\text{-}K_1d$）煤系地层。反向滑动的滑坡体堆积于下游侧沟谷中，表面覆盖了后期的黑色坡积层[图 2-21（c）]。部分反向滑动的红层反压在大理石堆积体之上，形成混杂堆积[图 2-21（d）]。再次，堆积体整体破碎。除了左、右岸第 3 级平台的大理岩块度较大外，其他部位不论是大理岩，还是马里组红层均极为破碎。这可能与沟谷狭窄、滑坡速度快、堆积体与基岩岸坡撞击等因素有关。

（a）滑坡舌部（图 2-17 中 P8）

（b）残留碎屑（图 2-17 中 P9）

（c）沟谷堆积（图 2-17 中 P10）

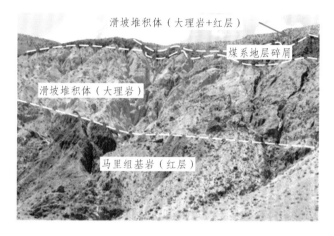

（d）混杂堆积（图 2-17 中 P11）。

图 2-21 右岸堆积体特征（据邓建辉，2021）

2.1.4 滑面（带）的类型及其特征

1. 滑面（带）的类型

根据普通发育的滑坡结构类型，其滑面（带）可划分为三大类型。

1）岩质滑面（带）

滑面（带）多追踪和沿着斜坡岩体中软弱结构面或软弱结构面的组合面，形成直线或折线形滑面（带），一般易构成较大规模的滑坡，且发育深度和危害性均较大。

岩质滑坡的滑面（带）岩性相对破碎，常被碾磨成细粒状，组成比较复杂，多为含黏土质的碎石或黏土夹层。

2）岩土界面滑面（带）

滑面（带）追踪和沿着堆积体与下伏基岩界面发育，形成以该界面形态为主的非线性形的滑面（带），一般滑体厚度在 10~30 m，多因外部环境剧变诱发形成。

堆积层滑坡的滑面（带）及下部滑床透水性较滑体差，在雨水丰沛地区常为带有碎块结构的淤泥质软土，一般地区多为含碎块结构的黏性土。

3）土质滑面（带）

（1）在厚层似均质的土层或全、强风化层的斜坡中，沿着最大剪应力带产生圆弧形滑面（带）。

（2）在厚层破碎岩斜坡中，也可能沿着最大剪应力带产生追踪破碎裂缝的似圆弧形滑面（带）。

（3）在斜坡土层中赋存有软弱夹泥层和其他明显结构面时，其滑面（带）也可能追踪夹层（面）发育。

土质滑坡的滑面（带）多为黏粒含量较高、含水量高甚至饱和状的黏性土。土质软弱、塑性高、黏手、滑腻；易吸水，不易排水，呈软塑至流塑状。有新近沉积过程及邻水岸边堆积形成的滑坡，滑带上常有一定厚度的淤积或淤泥质土。

2. 滑面（带）的识别方法

1）确定性方法

（1）地质识别方法：通过取样或现场勘查，以滑坡形成的力学原理为基础，以地质力学和工程地质学的方法，对滑面（带）的滑动形迹和滑动现象进行定性定量的宏观观察和微观鉴定，以确定其滑面（带）的存在和赋存状态，通过滑坡的变形形迹，分析推测滑面（带）的分布位置和形态。

（2）位移监测方法：通过对滑坡位移的监测，尤其是对滑坡地下位移的监测，可以分析确定滑面（带）的存在、分布高程、位置和形态。

2）可能性方法

（1）力学判识方法：在分析确定斜坡力学边界条件的基础上，采用以库仑强度理论为基础的力学判别方法，确定可能的滑面（带）。

（2）钻探、井、槽、洞探和地球物理方法：采用钻探、井槽洞探和地球物理方法，确定滑面（带）的存在及其分布高程、位置、形态和厚度。

（3）数值模拟方法：通过数值反演和搜索，推测和复核滑面（带）的分布高程和形态。

在上述识别方法中，确定性方法可以较准确地确定滑面（带）存在、分布高程、位置、形态和厚度，可能性方法只能确定相对软弱夹层或可能的潜在滑面（带）。只有在采用确定性方法确定滑面（带）的特征或与各种可能性方法相匹配的技术指标和技术标准后，可能性方法才能转化为确定性方法，才能正确判识滑面（带）存在、分布高程、位置、形态和厚度。

斜坡岩土体是地质体的一部分，由不同的成因、性质、形态和规模的结构面及其被分割的不同性质的岩土体所组成，形成了多种斜坡结构类型。斜坡岩土体中这些结构面，在不同结构类型的斜坡中、在适宜的条件下可以构成滑面（带）。因此，正确识别斜坡岩土体中的结构面，确定易滑结构面，是鉴别出滑面（带）的关键问题。

3. 滑面（带）的主要地质特征

（1）滑面黏粒含量、含水量相对较高（如图 2-22），往往存在揉皱的形态，且滑坡滑动时往往造成不同岩土体出现混杂，故滑面的颜色与成分相对比较复杂。

图 2-22　探槽揭露的黏性土滑带

（2）滑面作为相对弱面，在工程钻探中往往存在钻进时突然加速、钻孔塌孔、缩径、卡钻等异常现象。

（3）滑面形态多与地面形态存在一定的近似关系，复杂滑坡可进行深孔位移监测直观寻找滑面位置。

（4）滑面（带）的形成是由于岩土体遭受的剪切作用超过其抗剪强度，因此滑面（带）就是最大剪力面（带），其上必定会留下各种剪切作用的痕迹。比较常见的剪切痕迹包括：

① **摩擦镜面**：其表面光滑如镜，为滑体沿剪切面滑移从而不断磨蚀下部破裂岩面而成。镜面的位置即为滑面。如图 2-23。

图 2-23　抗滑桩开挖揭露的滑面摩擦镜面

② **擦痕**：多呈钉状或长三角状，一般尖灭的方向为滑动方向。常发育在镜面、岩楔或断面上。一般认为，在土体滑坡中找到的擦痕可以毫不犹豫地作为滑面的直接证据，但是在岩质滑坡中则还要进一步判断它是否属于构造擦痕。一般滑坡擦痕面比较新鲜、条痕松软、倾角较缓；而构造擦痕则倾角较陡（多数大于 30°）、条痕坚硬、已石化并常附有铁锈色薄膜。如图 2-24、图 2-25。

图 2-24　钻孔揭露的老滑坡滑面擦痕

图 2-25 钻孔揭露的新近滑坡滑面擦痕

　　需要说明的是一定要注意区别滑面擦痕与构造擦痕、钻孔旋转形成的擦痕。滑面擦痕往往比较均匀，条纹粗细、深度相对变化不大。构造擦痕往往存在纤维状，条纹粗细和深度不均，且常伴有构造阶步。钻孔旋转形成的擦痕往往呈同心圆状，与滑面向一个主滑方向滑动的特征明显不同。

　　③ **泥化带**：滑坡的滑动作用往往比较漫长，早期形成的滑面或滑带往往被后期的滑动作用进一步碎化，并加之地下水等的风化、软化作用，使得一些滑面（带）往往存在一层薄薄的黏土带，即所谓的滑带。滑带一般不厚，常由紫红色、红色或灰绿色软黏土组成。滑带附近常有地下水或含水量逐渐增大，又逐渐变小的过湿带，含水量最大处一般就是滑面位置。

　　④ **定向排列的菱形剪力体**：在某些脆性岩体中，形成的滑面有时可能是多组剪切面复合追踪而成，并常构成一定厚度的剪力滑带。其中的大块岩石多呈菱形或楔形，并有一定排列方向（长轴方向为滑动走向），其间多由较细的碎屑物质充填。但应注意滑坡剪力带和构造破碎带的区别，前者一般外观比较新鲜，物质充填比较松散，风化改造痕迹不明显；后者则多遭受后期风化作用改造，表面比较混沌，常有铁质浸染，黏土化作用明显。

　　以上这些特征是野外地质调查时进行滑面（带）识别的最主要依据。

滑带主要表观特征为挤压、错动现象明显，含水量偏高；滑面为擦痕、镜面、揉皱，含水量高。黏性土滑带常被挤压成鳞片状；滑面形成光滑镜面，并且擦痕明显。黄土质或砂性土滑带常呈饱水状，滑面擦痕不明显。堆积层滑坡的滑带土中含细粒碎块或黏性土较滑体及滑床多，含水量增大，晾干后的岩芯可见沿滑面形成的镜面及擦痕。岩质滑坡的滑床岩体完整性较滑体及滑带要好，滑带顶、底部倾角不一致，滑面有擦痕和光滑面。

2.2 滑坡治理工程勘查阶段

滑坡治理工程立项后，其勘查一般划分为：可行性研究阶段、初步设计阶段和施工图设计阶段。各勘查阶段工作应与相应阶段设计工作深度相适应。

1. 可行性研究阶段工程地质勘查

在搜集分析前期立项资料的基础上，进行可行性研究阶段勘查，论证对致灾地质体进行工程治理的必要性和可行性。查明滑坡的地质环境、边界条件、规模、岩土体结构、水文地质条件、有关稳定性计算的参数，对稳定性进行分析与计算，并作出综合评价，分析其成灾的可能性、成灾的条件，调查其危害范围及实物指标，分析论证治理的必要性和可行性，进行工程治理与搬迁避让的比较，提出工程治理方案建议。为可行性研究提供必要的地质资料。

2. 初步设计阶段工程地质勘查

在充分分析、利用已有资料及可行性研究阶段勘查成果的基础上，根据可行性研究方案设计的工程布置及尚需研究的地质问题，对设计的治理工程轴线、场地和重点部位进行针对性的工程地质勘探和测试，进一步查明边界条件，复核有关物理力学指标及计算参数，为治理工程初步设计提供所需的工程地质资料。对治理工程措施、结构形式、埋置深度和工程施工等提出工程地质方面的要求和建议。

3. 施工图设计阶段工程地质勘查

施工图设计阶段应对初步设计审批中要求补充论证的重大工程地质问题进行专门性或复核性勘查，为优化工程设计提供地质依据。

地质灾害治理工程施工期间应开展地质工作，对开挖形成的边坡、基坑和洞体进行地质素描、地质编录和检验，验证已有的勘查成果；必要时补充更正勘查结论，并将新的地质信息反馈设计和施工。当勘查成果与实际情况明显不符、不能满足设计施工需要或设计有特殊需要时，应进行施工勘查。施工勘查应充分利用已有施工工程。

以上三个阶段，可根据实际情况和需要，酌情简化或合并。对于规模较小、结构简单、治理工期短的滑坡，可根据实际情况合并勘查阶段，简化勘查程序。滑坡治理工程勘查的各项野外工作应进行现场验收。

2.3　滑坡地形测量

2.3.1　测量坐标系统

1. 坐标系分类

常用到的地图坐标系有 2 种，即地理坐标系和投影坐标系。

地理坐标系是以经纬度为单位的地球坐标系统，地理坐标系中有 2 个重要部分，即地球椭球体（spheroid）和大地基准面（datum）。由于地球表面的不规则性，它不能用数学公式来表达，也就无法实施运算，所以必须找一个形状和大小都很接近地球的椭球体来代替地球，这个椭球体被称为地球椭球体，我国常用的椭球体如表 2-2 所示。

表 2-2　我国常用椭球体参数

坐标名称	年代	长半轴/m	短半轴/m	扁率
克拉索夫斯基（Krasovsky）	1940	6 378 245.0	6 356 863.0	1∶298.3
IAG75	1975	6 378 140.0	6 356 755.3	1∶298.257
CGCS2000	2008	6 378 137.0	6 356 752.3	1∶298.257
WGS84	1984	6 378 137.0	6 356 752.3	1∶298.257

投影坐标系是利用一定的数学法则把地球表面上的经纬线网表示到平面上，属于平面坐标系。数学法则指的是投影类型，目前我国普遍采用的是高斯投影。高斯投影的中央经线和赤道为互相垂直，分带标准分为3度带和6度带。

对于地理坐标，只需要确定两个参数，即椭球体和大地基准面；对于投影坐标，若类型为高斯投影，除了确定椭球体和大地基准面外，还需要确定中央经线。

2. 国内坐标系

我国于20世纪50年代和80年代分别建立了1954北京坐标系和1980西安坐标系，测制了各种比例尺的地形图，在国民经济、社会发展和科学研究中发挥了重要作用。1954北京坐标系采用的是克拉索夫斯基椭球体，在计算和定位的过程中，没有采用中国的数据，该系统在中国范围内，不能满足高精度定位以及地球科学、空间科学和战略武器发展的需要。20世纪70年代，中国大地测量工作者经过二十多年的艰苦努力，完成了全国一、二等天文大地网的布测。经过整体平差，采用1975年国际大地测量学和地球物理学联合会、第十六届大会推荐的参考椭球参数，建立了1980西安坐标系，在中国经济建设、国防建设和科学研究中发挥了巨大作用。

随着社会的进步，国民经济建设、国防建设和社会发展、科学研究等对国家大地坐标系提出了新的要求，迫切需要采用原点位于地球质量中心的坐标系统（简称地心坐标系）作为国家大地坐标系。采用地心坐标系，有利于采用现代空间技术对坐标系进行维护和快速更新，测定高精度大地控制点三维坐标，并提高测图工作效率。

2008年3月，由国土资源部正式上报国务院《关于中国采用2000国家大地坐标系的请示》，并于2008年4月获得国务院批准。自2008年7月1日起，中国全面启用2000国家大地坐标系，到2018年全面完成各类国土资源空间数据向2000国家大地坐标系转换的工作。2018年7月1日起全面使用2000国家大地坐标系。

2000国家大地坐标系，是我国当前最新的国家大地坐标系，英文名称为 China Geodetic Coordinate System 2000，英文缩写为 CGCS2000。
2000 国家大地坐标系的原点为包括海洋和大气的整个地球的质量中心；
2000 国家大地坐标系的 Z 轴由原点指向历元 2000.0 的地球参考极的方向
（IERS 参考极），该历元的指向由国际时间局给定的历元为 1984.0 的初始
指向推算，定向的时间演化保证相对于地壳不产生残余的全球旋转，X
轴由原点指向格林尼治参考子午线与地球赤道面（历元 2000.0）的交点，
Y 轴与 Z 轴、X 轴构成右手正交坐标系，见图 2-26。表 2-3 为三种国家坐
标系的区别。

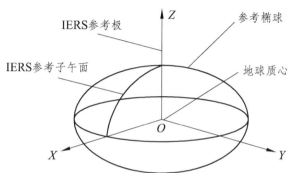

图 2-26　国家 2000 大地坐标系示意图

表 2-3　三种国家坐标系的区别

坐标名称	投影类型	椭球体	基准面
北京 54	高斯投影	Krasovsky	D_Beijing_1954
西安 80	高斯投影	IAG75	D_Xian_1980
国家 2000	高斯投影	CGCS2000	D_China_

2000 国家大地坐标系采用的地球椭球参数如下：

长半轴 $a = 6\,378\,137$ m；

扁率 $f = 1/298.257\,222\,101$；

地心引力常数 $GM = 3.986\,004\,418 \times 10^{14}\,\mathrm{m^3/s^2}$；

自转角速度 $\omega = 7.292\,115 \times 10^{-5}\,\mathrm{rad/s}$；

短半轴 $b = 6\,356\,752.314\,14$ m；

极曲率半径 $= 6\,399\,593.625\,86$ m；

第一偏心率 $e = 0.081\,819\,191\,042\,8$。

3. 国家高程基准

1956 年 9 月 4 日，国务院批准试行《中华人民共和国大地测量法式（草案）》，规定以黄海（青岛）的多年平均海平面作为统一基面，叫"1956 年黄海高程系统"，为中国第一个国家高程系统，从此结束了过去高程系统繁杂的局面。但由于计算这个基面所依据的青岛验潮站的资料系列（1950 年—1956 年）较短等原因，中国测绘主管部门决定重新计算黄海平均海面，以青岛验潮站 1952 年—1979 年的潮汐观测资料为计算依据，得到"1985 国家高程基准"，并用精密水准测量位于青岛的中华人民共和国水准原点，得到 1985 年国家高程基准高程和 1956 年黄海高程的关系为：1985 年国家高程基准高程=1956 年黄海高程-0.029 m。1985 国家高程基准已于 1987 年 5 月开始启用，1956 年黄海高程系统同时废止。1956 黄海高程水准原点的高程是 72.289 m；1985 国家高程系统的水准原点的高程是 72.260 m。

我国目前通用的是 2000 国家大地坐标系和 1985 国家高程基准。在滑坡地形测量中，必须采用 2000 国家大地坐标系，但高程可以采用 1985 国家高程基准，也可以采用假设高程系统。

某些偏僻地区，一时还不能与国家高程控制点连测，或因专用高程控制网的特殊需要，可选定一个适当的水准面作为基准面，在此地区内任何一点到此基准面的垂直距离称为该点的假设高程。

2.3.2 资料搜集与现场踏勘

1. 资料搜集

应广泛收集测区及其附近已有的控制测量成果和地形图资料。

控制测量资料包括成果表、点之记、展点图、路线图、计算说明和技术总结等。收集资料时要查明施测年代、作业单位、依据规范、平高系统、施测等级和成果的精度评定。成果精度指三角网的高程、测角、点位、最弱边、相对点位中误差；水准路线中每千米偶然中误差和水准点的高程中误差等。

收集的地形图资料包括测区范围内及周边地区各种比例尺地形图和专业用图，主要查明地图的比例尺、施测年代、作业单位、依据规范、坐标系统、高程系统和成图质量等。

如果收集到的控制资料的坐标系统、高程系统不一致，则应收集、整理这些不同系统间的换算关系。

2. 现场踏勘

应携带收集到的测区地形图、控制展点图等资料到现场踏勘。

主要调查原有的三角点、导线点、水准点、GPS 点的位置，了解标石和标志的现状，以及造标埋石的质量，以便决定有无利用价值；原有地形图是否与现有地物、地貌相一致，着重踏勘新增的建筑物。

2.3.3　控制点网设计与点位埋设

根据滑坡区范围及其对控制网的精度要求，利用测区地形地物特点合理设计不少于 4 个控制点组建 D、E 级控制网。选择控制点位置一般应遵循以下原则：

（1）便于安置接收设备和操作，视野开阔，视场内障碍物的高度角不宜超过 15°。GPS 网的选点不要求相连的边都通视，但为了使用常规仪器测量时能够后视和检核，每点至少有两个点与它通视。

（2）远离大功率无线电发射源（如电视台、电台、微波站等），与其距离不小于 200 m；远离高压输电线和微波无线电信号传送通道，与其距离不小于 50 m。

（3）附近不应有强烈反射卫星信号的物件（如大型建筑物等）。

（4）交通方便，有利于其他测量手段扩展和联测。离施工区较远的点要考虑到图形结构和便于加密。

（5）直接用于施工放样的控制点要便于放样。

（6）地面基础稳定，易于标石的长期保存。

（7）充分利用测区内符合要求的已有控制点。

测量控制点要求埋设有直径小于 0.5 mm 金属中心标志的地面标石。其过程是：挖基坑，坑底要整平夯实，再填砂石捣固，浇底层混凝土，树标石并浇筑混凝土。埋石规格，一般普通标石：顶面 20 cm×20 cm，底面 40 cm×40 cm，高 40 cm；建筑物上标石：顶面 20 cm×20 cm，底面 30 cm×30 cm，高 15 cm。普通标石可预先制作，然后运往各点埋设。

对不宜埋设标石的地方，可采用在稳定岩石或建筑物上刻"十"字的方法，刻划深度 3 mm，旁边写出点号，字头朝北。也可在基岩层上或坚硬的混凝土路面上直接钻孔，将刻有中心标志的胀锚螺栓打入孔内。

当利用旧点时，应首先确认该点标石完好，并符合相应规格和埋石要求，且能长期保存。必要时需要挖开标石侧面查看标石情况。

所有控制点的标石或标志均应填绘点之记，要实地绘出点位略图，并作简要点位说明。

2.3.4　检校仪器

D、E 级 GPS 测量应选用双频或单频接收机。按规范要求在控制测量作业前对准备使用的仪器和配套的器具进行检定和校准。

2.3.5　GPS 控制测量

为了限制误差的累积和传播，保证测图和施工的精度及速度，测量工作必须遵循"从整体到局部，先控制后碎部"的原则，即先进行整个测区的控制测量，再进行碎部测量。控制测量的实质就是测量控制点的平面位置和高程。测定控制点的平面位置工作，称为平面控制测量；测定控制点的高程工作，称为高程控制测量。

GPS 控制测量按《全球定位系统（GPS）测量规范》（GB 18314—2009）中的相应规定执行。

GPS 控制测量通常采用静态测量技术，应满足 D、E 级 GPS 测量的精度要求（见表 2-4）。各级 GPS 网测量采用中误差作为精度的技术指标，以 2 倍中误差作为极限误差。

表 2-4　GPS 网的测量精度要求

级别	相邻点基线分量中误差		相邻点间平均距离/km
	水平分量/mm	垂直分量/mm	
D	20	40	5
E	20	40	3

控制点 GPS 观测的技术规定应符合表 2-5 的要求。

表 2-5　GPS 网观测的基本技术要求

项　目	级　别	
	D	E
卫星截止高度角/（°）	15	15
同时观测有效卫星数	≥4	≥4
有效观测卫星总数	≥4	≥4
观测时段数	≥1.6	≥1.6
时段长度	≥60 min	≥40 min
采样间隔/s	5~15	5~15

注：1. 计算有效观测卫星总数时，应将各时段的有效观测卫星数扣除其间的
　　　重复卫星数。
　　2. 观测时段长度，应为开始记录数据到结束记录的时间段。
　　3. 观测时段数 ≥1.6，指采用网观测模式时，每站至少观测一时段，其中
　　　二次设站点数应不少于 GPS 网总点数的 60%。
　　4. 采用基于卫星定位连续运行基准站点观测模式时，可连续观测，但观
　　　测时间应不低于表中规定的各时段观测时间的和。

1. 测前准备

（1）查看 GPS 内存数据容量。

（2）认真了解各 GPS 点所处的环境，运用 GPS 软件预测点的最佳观
测时间。

（3）检查 GPS 的各项设置：静态或动态、高度截止角、数据采样率、
天线类型、天线量测方式等。

（4）认真检查 GPS 主机、电池、电缆、测 GPS 天线的钢尺、记录纸、
笔、脚架等必备品。

2. 外业观测

（1）架站：认真地架好仪器，对中、整平，接好电缆。

（2）量测天线高：各种 GPS 量测天线高的方式是不一样的；同一种 GPS 也有几种不同的量测方式，一定要记清楚自己用的是哪种方式；要对称测量几个方向，然后取平均值。

（3）经检查电源电缆和天线等各项连接无误后方可开机。开机后经检查有关指示灯与仪表显示正常后，方可进行自测试并输入测站、观测单元和时段等控制信息。

（4）开始观测时，记录好测点名、开机时间、开机时天线高，并填写测量手提簿。接收机记录数据后，观测员可随时查看测站信息、接收卫星数、卫星号、卫星健康状况、各通道信噪比、实时定位结果及其变化、存储介质记录和电源情况等，如发现异常情况及时记录并处理。

（5）每时段观测开始及结束前各记录一次观测卫星号、天气状况、实时定位经纬度和大地高、PDOP 值等。

（6）每时段观测前后应各量取天线高一次，两次量高之差不应大于 3 mm，取平均值作为最后天线高。

（7）经检查，所有规定作业项目均已完成，并符合要求，记录与资料完整无误，方可迁站。

3. 内业数据整理

外业观测结束后，开展内业数据处理，包括数据检验、数据处理、平差计算、高程拟合等。

4. 编写技术总结

（1）外业技术总结应包括下列各项内容：

① 测区范围与位置，自然地理条件，气候特点，交通及电信、供电等情况；

② 任务来源，测区已有测量成果，项目名称，施测目的和基本精度要求；

③ 施测单位，施测起讫时间，作业人员数量，技术状况；

④ 作业技术依据；

⑤ 作业仪器类型、精度以及检验和使用情况；

⑥ 点位观测条件的评价，埋石与重合点情况；

⑦ 联测方法、完成各级点数，补测、重测情况，以及作业中存在问题的说明；

⑧ 外业观测数据质量分析与数据检核情况。

（2）内业技术总结应包含以下内容：

① 数据处理方案、所采用的软件、星历、起算数据、坐标系统、历元，以及无约束平差、约束平差情况；

② 误差检验及相关参数和平差结果的精度估计等；

③ 上交成果中尚存问题和需要说明的其他问题、建议或改进意见；

④ 各种附表与附图。

2.3.6 GPS 地形测量

地形测量比例尺一般为 1：200、1：500、1：1 000 和 1：2 000，按正方形或矩形法分幅。地形图上需表示的内容应满足现行《工程测量标准》（GB 50026）中的相应规定，图式符号执行现行《国家基本比例尺地图图式　第 1 部分：1：500 1：1 000 1：2 000 地形图图式》（GB/T 20257.1）。

平面图斜长、下宽（或平均宽）> 500 m 的全域宜采用比例尺 1：1 000~1：2 000 测图，拟设工程部位用 1：500 比例尺测图。斜长、下宽（或平均宽）< 500 m 的全域宜采用比例尺 1：500 测图。平面图测图范围一般情况下以上下左右各延长 50 m 为宜，若需要做截排水工程的项目，可用小比例尺图把与该区域有关的汇水面积表示清楚。

1. 测量控制点测绘

（1）测量控制点是测绘地形图和工程测量、施工放样的主要依据，在图上应精确表示。

（2）各等级平面控制点、导线点、图根点、水准点，应以展点或测点位置为符号的几何中心位置，按图式规定符号表示。

2. 居民地和垣栅的测绘

（1）居民地的各类建筑物、构筑物及主要附属设施，应准确测绘实地外围轮廓、如实反映建筑结构特征。

（2）房屋的轮廓应以墙基外角为准，并按建筑材料和性质分类，注记层数。1∶500 与 1∶1 000 比例尺测图，房屋应逐个表示，临时性房屋可舍去；1∶2 000 比例尺测图可适当综合取舍，图上宽度小于 0.5 mm 的小巷可不表示。

（3）建筑物和围墙轮廓凹凸在图上小于 0.4 mm、简单房屋小于 0.6 mm 时，可用直线连接。

（4）1∶500 比例尺测图，房屋内部天井宜区分表示；1∶1 000 比例尺测图，图上 6 mm² 以下的天井可不表示。

（5）测绘垣栅应类别清楚，取舍得当。围墙、栅栏、栏杆等可根据其永久性、规整性、重要性等综合考虑取舍。

（6）台阶和室外楼梯长度大于 3 m、宽度大于 1 m 的应在图中表示。

（7）永久性门墩、支柱大于 1 m 的依比例实测，小于 1 m 的测量其中心位置，用符号表示。重要的墩柱无法测量中心位置时，要量取并记录偏心距和偏离方向。

（8）建筑物上突出的悬空部分应测量最外范围的投影位置，主要的支柱也要实测。

3. 工矿建（构）筑物及其他设施的测绘

（1）工矿建（构）筑物及其他设施的测绘，图上应准确表示其位置、形状和性质特征。

（2）工矿建（构）筑物及其他设施依比例尺表示的，应实测其外部轮廓，并配置符号或用图式规定依比例尺符号；不依比例尺表示的，应准确测定其定位点或定位线，用不依比例尺符号表示。

4. 交通及附属设施测绘

（1）交通及附属设施的测绘，图上应准确反映陆地道路的类别和等级、附属设施的结构和关系；正确处理道路的相交关系及与其他要素的关系；正确表示水运和海运的航行标志，河流和通航情况及各级道路的通过关系。

（2）铁路轨顶（曲线段取内轨顶）、公路路中、道路交叉处、桥面等应测注高程，隧道、涵洞应测注底面高程。

（3）公路与其他双线道路在图上均应按实宽依比例尺表示。公路应在图上每隔 15~20 mm 注出公路技术等级代码，国道应注出国道路线编号。公路、街道按其铺面材料分为水泥、沥青、砾石、条石或石板、硬砖、碎石和土路等，应分别以"砼""沥""砾""石""砖""碴""土"等注记于图中路面上，铺面材料改变处应用点线分开。

（4）铁路与公路或其他道路平面相交时，铁路符号不中断，而将另一道路符号中断；城市道路为立体交叉或高架道路时，应测绘桥位、匝道与绿地等；多层交叉重叠，下层被上层遮住的部分不绘，桥墩或立柱视用图需要表示，垂直的挡土墙可绘实线而不绘挡土墙符号。

（5）路堤、路堑应按实地宽度绘出边界，并应在其坡顶、坡脚适当测注高程。

（6）道路通过居民地不宜中断，应按真实位置绘出。高速公路应绘出两侧围建的栅栏（或墙）和出入口，注明公路名称。中央分隔带视用图需要表示。市区街道应将车行道、过街天桥、过街地道的出入口、分隔带、环岛、街心花园、人行道与绿化带绘出。

（7）跨越河流或谷地的桥梁，应实测桥头、桥身和桥墩位置，加注建筑结构。码头应实测轮廓线，有专有名称的加注名称，无名称者注"码头"，码头上的建筑应实测并以相应符号表示。

（8）大车路、乡村路、内部道路按比例实测，宽度小于 1 m 时只测路中线，以小路符号表示。

5. 管线测绘

（1）永久性的电力线、电信线均应准确表示，电杆、铁塔位置应实测。当多种线路在同一杆架上时，只表示主要的。城市建筑区内电力线、电信线可不连线，但应在杆架处绘出线路方向。各种线路应做到线类分明，走向连贯。

（2）架空的、地面上的、有管堤的管道均应实测，分别用相应符号表示。并注明传输物质的名称。当架空管道直线部分的支架密集时，可适当取舍。地下管线检修井宜测绘表示。

（3）污水篦子、消防栓、阀门、水龙头、电线箱、电话亭、路灯、检修井均应实测中心位置，以符号表示，必要时标注用途。

6. 水系测绘

（1）江、河、湖、海、水库、池塘、泉、井等及其他水利设施，均应准确测绘表示，有名称的加注名称。根据需要可测注水深，也可用等深线或水下等高线表示。

（2）河流、溪流、湖泊、水库等水涯线，按测图时的水位测定，当水涯线与陡坎线在图上投影距离小于 1 mm 时以陡坎线符号表示。河流在图上宽度小于 0.5 mm、沟渠在图上宽度小于 1 mm（1∶2 000 地形图上小于 0.5 mm）的用单线表示。

（3）海岸线以平均大潮高潮的痕迹所形成的水陆分界线为准。各种干出滩在图上用相应的符号或注记表示，并适当测注高程。

（4）水位高及施测日期视需要测注。水渠应测注渠顶边和渠底高程；时令河应测注河床高程；堤、坝应测注顶部及坡脚高程；池塘应测注塘顶边及塘底高程；泉、井应测注泉的出水口与井台高程，并根据需要注记井台至水面的深度。

7. 境界测绘

（1）境界的测绘，图上应正确反映境界的类别、等级、位置以及与其他要素的关系。

（2）县（区）和县以上境界应根据勘界协议、有关文件准确清楚地绘出，界桩、界标应测坐标展绘。乡、镇和乡级以上国营农、林、牧场以及自然保护区界线按需要测绘。

（3）两级以上境界重合时，只绘高一级境界符号。

8. 地貌和土质的测绘

（1）地貌和土质的测绘，图上应正确表示其形态、类别和分布特征。

（2）自然形态的地貌宜用等高线表示，崩塌残蚀地貌、坡、坎和其他特殊地貌应用相应符号或用等高线配合符号表示。

（3）各种天然形成和人工修筑的坡、坎，其坡度在 70°以上时表示为陡坎，70°以下时表示为斜坡。斜坡在图上投影宽度小于 2 mm，以陡坎符号表示。当坡、坎比高小于 1/2 基本等高距或在图上长度小于 5 mm 时，可不表示；坡、坎密集时，可以适当取舍。

（4）梯田坎坡顶及坡脚宽度在图上大于 2 mm 时，应实测坡脚。当 1：2 000 比例尺测图梯田坎过密，两坎间距在图上小于 5 mm 时，可适当取舍。梯田坎比较缓且范围较大时，可用等高线表示。

（5）坡度在 70°以下的石山和天然斜坡，可用等高线或用等高线配合符号表示。独立石、土堆、坑穴、陡坡、斜坡、梯田坎、露岩地等应在上下方分别测注高程或测注上（或下）方高程及量注比高。

（6）各种土质按图式规定的相应符号表示，大面积沙地应用等高线加注记表示。

9. 植被的测绘

（1）地形图上应正确反映出植被的类别特征和分布范围。对耕地、园地应实测范围，配置相应的符号表示。大面积分布的植被在能表达清楚的情况下，可采用注记说明。同一地段生长有多种植物时，可按经济价值和数量适当取舍，符号配制不得超过三种（连同土质符号）。

（2）旱地包括种植小麦、杂粮、棉花、烟草、大豆、花生和油菜等的田地，经济作物、油料作物应加注品种名称。有节水灌溉设备的旱地应加注"喷灌""滴灌"等字样。一年分几季种植不同作物的耕地，应以夏季主要作物为准，配置符号表示。

（3）田埂宽度在图上大于 1 mm 的应用双线表示，小于 1 mm 的用单线表示。田块内应测注有代表性的高程。

10. 注记

（1）要求对各种名称、说明注记和数字注记准确注出。图上所有居民地、道路、街巷、山岭、沟谷、河流等自然地理名称，以及主要单位等名称，均应调查核实，有法定名称的应以法定名称为准，并应正确注记。

（2）地形图上高程注记点应分布均匀，丘陵地区高程注记点间距为图上 2~3 cm。

（3）山顶、鞍部、山脊、山脚、谷底、谷口、沟底、沟口、凹地、台地、河川湖池岸旁、水涯线上以及其他地面倾斜变换处，均应测高程注记点。

（4）城市建筑区高程注记点应测设在街道中心线、街道交叉中心、建筑物墙基脚和相应的地面、管道检查井井口、桥面、广场、较大的庭院内或空地上以及其他地面倾斜变换处。

（5）基本等高距为 0.5 m 时，高程注记点应注至厘米；基本等高距大于 0.5 m 时可注至分米。

11. 地形要素的配合

（1）当两个地物中心重合或接近，难以同时准确表示时，可将较重要的地物准确表示，次要地物移位 0.3 mm 或缩小 1/3 表示。

（2）独立性地物与房屋、道路、水系等其他地物重合时，可中断其他地物符号，间隔 0.3 mm，将独立性地物完整绘出。

（3）房屋或围墙等高出地面的建筑物，直接建筑在陡坎或斜坡上且建筑物边线与陡坎上沿线重合的，可用建筑物边线代替坡坎上沿线；当坎坡上沿线距建筑物边线很近时，可移位间隔 0.3 mm 表示。

（4）悬空建筑在水上的房屋与水涯线重合，可间断水涯线，房屋照常绘出。

（5）水涯线与陡坎重合，可用陡坎边线代替水涯线；水涯线与斜坡脚线重合，仍应在坡脚将水涯线绘出。

（6）双线道路与房屋、围墙等高出地面的建筑物边线重合时，可以建筑物边线代替路边线。道路边线与建筑物的接头处应间隔 0.3 mm。

（7）境界以线状地物一侧为界时，应离线状地物 0.3 mm 在相应一侧不间断地绘出；以线状地物中心线或河流主航道为界时，应在河流中心线位置或主航道线上每隔 3~5 cm 绘出 3~4 节符号。相交、转折及与图边交接处应绘符号以示走向。

（8）地类界与地面上有实物的线状符号重合，可省略不绘；与地面无实物的线状符号（如架空管线、等高线等）重合时，可将地类界移位 0.3 mm 绘出。

（9）等高线遇到房屋及其他建筑物，双线道路、路堤、路堑、坑穴、陡坎、斜坡、湖泊、双线河以及注记等均应中断。

（10）当图式符号不能满足测区内测图要求时，可自行设计新的符号，但应在图廓外注明。

2.3.7　全站仪地形测量

1. 全站仪的选择与安装

（1）全站仪测图所使用的仪器和软件应符合下列规定：

①宜使用 6″级全站仪，全站仪测距标称精度不应低于（10+5×10⁻⁶）mm；

②测图软件，应满足内业数据处理和图形编辑的要求；

③宜采用通用格式存储数据。

（2）全站仪测图的方法，可采用编码法、草图法或内外业一体化的实时成图法等。

（3）全站仪测图的仪器安置及测站检核应符合下列规定：

① 仪器的对中偏差不应大于 5 mm，仪器高和棱镜高应量至 1 mm。

② 应选择远处的图根点作为测站定向点，并应施测另一图根点的坐标和高程，作为测站检核；检核点的平面位置较差不应大于图上 0.2 mm，高程较差不应大于基本等高距的 1/5。

③ 作业过程中和作业结束前，应对定向方位进行检查。

（4）全站仪测图的最大测距长度应符合表 2-6 的规定。

表 2-6　全站仪测图的最大测距长度

比例尺	最大测距长度/m	
	地物点	地形点
1∶500	160	300
1∶1 000	300	500
1∶2 000	450	700
1∶5 000	700	1 000

2. 全站仪的外业测绘

数字地形外业测绘应符合下列规定：

（1）当采用草图法作业时，应按测站绘制草图，并应对测点进行编号；测点编号应与仪器的记录点号相一致；草图的绘制，宜简化标示地形要素的位置、属性和相互关系等。

（2）当采用编码法作业时，宜采用通用编码格式，也可使用软件的自定义功能和扩展功能建立用户的编码系统进行作业。

（3）当采用内外业一体化的实时成图法作业时，应实时确立测点的属性、连接关系和逻辑关系等。

（4）在建筑密集的地区作业时，对于仪器无法直接测量的点位，可采用支距法、线交会法等几何作图方法进行测量，并应记录相关数据。

数字外业测图可按图幅施测，也可分区施测。按图幅施测时，每幅图应测出图廓线外 5 mm；分区施测时，应测出各区界线外图上 5 mm。

每日测量完成后，宜将全站仪采集的数据转存至计算机，并应进行检查处理，应删除或标注作废数据、重测超限数据、补测错漏数据，应生成原始数据文件并应备份。

2.3.8　地质剖面测量

地质剖面测量是指测定剖面线上地形点、地物点及勘探工程的位置（到剖面线起点的距离）和高程，并按规定的比例尺绘制成地质剖面图。剖面线一般沿着勘探线方向布设，剖面线之间互相平行、间隔相等。因此，在进行剖面测量时要确保各剖面线的方向及间距符合精度要求。

地质剖面测量的程序是：首先进行剖面定线，建立剖面线上的起讫点及转点，并在其间加设控制点（密度取决于剖面图的比例尺、地形条件等），以保证测量精度；然后进行剖面测量，绘制地质剖面图。剖面测量比例尺一般为 1∶1 000～1∶200，拟设工程部位宜采用 1∶200 比例尺实测，其他剖面比例尺原则上与平面图相匹配，可根据工程需要适当增加实测剖面图。勘查精度要求不高的剖面可以在已有的地形地质图上切绘，对于精度要求高的剖面图必须实测。

剖面线上的勘探工程（如钻孔）的位置是用于设计的依据，它比普通的地形点或地质点的精度要求高。因此，勘探工程的位置要采用全站仪、光电测距仪极坐标法或 GPS 实时动态测定（RTK）技术测定，水平角、垂直角、距离均测一个测回，钻孔平面位置以封孔后标石中心或套管中心为准，高程以套管口为准，并量取标石面或套管口至地面的高差。而普通的地形点或地质点可采用精度要求不高的方法，如视距法等。

绘制剖面图时，剖面方向一般按左西右东、左北右南原则。剖面图应注明名称、编号、剖面比例尺、剖面实测方位等。

2.3.9　地形测量新方法

1. 地面三维激光扫描技术

地面三维激光扫描（Terrestrial Laser Scanning，TLS）是 20 世纪 90 年代发展出来的一种快速获取三维空间信息的技术手段，是基于空间点阵扫描技术和激光无反射棱镜长距离快速测距技术发展而产生的一项新测绘技术，使测绘从传统的单点数据采集变为密集、连续的自动数据获取，极大地增加了信息量，提高了工作效率，拓宽了测绘技术的应用领域。

三维激光扫描采用非接触式高速激光测量方式，来获取地形或复杂物体的几何图形数据和影像数据，最终通过后处理软件对采集的点云数据和影像数据进行处理分析，转换成绝对坐标系中的三维空间位置坐标或者建立结构复杂、不规则场景的三维可视化模型，既省时又省力，同时点云还可输出多种不同的数据格式，作为空间数据库的数据源和满足不同应用的需要。三维激光扫描技术可以将现实场景 1∶1 以点云形式呈现在计算机中，所以又被称之为实景复制技术。该技术具备速度快、精度高、直观性强、成果多样、适应性强、非接触测量等优点，可应用于 1∶500 和 1∶1 000 比例尺的地形图测量。

地面三维激光扫描测图法仍需要采用全站仪或 RTK 配合进行控制测量和标靶测量，且激光点云要一定重叠度，相邻测站间距不能太远。地面三维激光扫描测图适宜于相对开阔区域，要求测量精度高、地理要素较全的地形测绘项目，也适宜于建筑与结构物平立剖面、道路纵横断面、边坡防护、隧道断面及收敛等反映三维空间信息的工程测量，不适宜于密集房屋、树木区域的地形测量，以及小比例尺地形测绘。

2. 机载 Lidar 技术

机载 LiDAR（Light Laser Detection and Ranging）是激光探测及测距系统的简称。它集成了无人机平台、GNSS 定位系统、IMU 惯导系统、激光测距系统、数码相机等光谱成像设备。其中，激光测距系统利用返回的脉冲可获取探测目标高分辨率的距离、坡度、粗糙度和反射率等信息，而被动光电成像技术可获取探测目标的数字成像信息，经过地面的信息处理而生成逐个地面采样点的三维坐标，最后经过综合处理而得到沿一定条带的地面区域三维定位与成像结果。

机载 LiDAR 是在测绘领域得以广泛应用，该技术通过激光测距仪器主动发射脉冲信号，可穿透植被到达真实地表，通过点云数据去噪、滤波，剔除植被点云层数据后，快速构建高精度地形地貌，在无地面控制点情况下数据的相对精度可达厘米级，同时能够提供高分辨率、高精度的三维地理信息数据（DEM、DSM）。相较于摄影测量技术，Lidar 具有更高的数据精度和数据分辨率，且其适应性也更强，不受云雾和光照的影响。

3. 低空数字摄影测量技术

低空数字摄影测量技术是在飞机上用航摄仪器对地面连续摄取相片，结合地面控制点测量、调绘和立体测绘等步骤，绘制出地形图的作业，其中以无人机作为搭载平台的数字摄影技术称为无人机航测技术。近年来，无人机航测技术得以迅猛发展，该技术依托无人飞行器搭载的惯导系统、差分 GPS 构成的 POS 系统以及遥感信息采集和处理设备，可以获取摄影相机的外方位元素以及飞机的绝对位置，从而实现定点摄影成像，快速获取作业区域信息，然后进行信息提取、数据处理，最终生成数字产品。无人机摄影测量系统主要由空中部分、地面控制和数据后处理部分等三部分组成。其中空中部分包括飞行平台、飞行控制系统及GPS 系统；地面控制包括航线规划、无人机地面控制及数据显示系统；数据后处理部分包括数据预处理及相应数据图件制作。

无人机航测是传统航空摄影测量手段的有力补充，具有机动灵活、高效快速、精细准确、作业成本低、适用范围广、生产周期短等特点，在高陡滑坡、围岩等飞行困难地区高分辨率影像的快速获取方面具有明显优势，随着无人机与数码相机技术的发展，基于无人机平台的数字航摄技术已显示出其独特的优势，无人机与航空摄影测量相结合使得"无人机数字低空遥感"成为航空遥感领域的一个崭新发展方向。低空数字摄影可适用于 1∶500、1∶1 000、1∶2 000、1∶5 000 航测成图，1∶500航测成图宜采用倾斜摄影测量方法获取地面影像。

2.4 滑坡工程地质测绘

滑坡工程地质测绘应在可行性研究阶段实施勘探工程之前进行，初步设计阶段与施工图设计阶段可进行修测，或对某些专门性工程地质问题（滑坡成生的地质环境、控制性地质构造、滑坡与周边地表水、地下水的水力联系及水文地质条件、滑坡成灾影响范围及灾害链等）进行补充调查。

工程地质测绘工作一般分三个阶段进行：准备工作、野外测绘及内业整理。其中，准备工作包括：搜集测绘区有关的地形地质地貌、航片、卫片及气象等资料；按勘查阶段、工程特性及地形地质复杂程度等确定测绘范围和比例尺。

1. 工程地质测绘范围

滑坡工程地质测绘的范围应包括滑坡及其影响区。后部应包括滑坡后壁以上一定范围的稳定斜坡或汇水洼地，前部应包括剪出口以下的稳定地段，两侧应到达滑坡边界以外 50～100 m 或次级分水岭及沟谷，涉水滑坡尚应到河（库）水面或对岸。在某些情况下，纵向拓宽至坡顶、谷肩、谷底、岩性或坡度等重要变化处，横向应包括地下水露头及重要的地质构造等。

2. 工程地质测绘比例尺与精度

滑坡工程地质测绘比例尺参照表 2-7 采用，比例尺上限与下限可按滑坡规模、地质复杂程度而定，对规模小或较复杂的滑坡可用较大比例尺，反之可用较小比例尺。

表 2-7　滑坡工程地质测绘比例尺

滑坡长度（L）或宽度（W）/m	平面测绘比例尺	剖面测绘比例尺
L（W）< 500	1∶500～1∶100	1∶500～1∶100
500≤L（W）< 1 000	1∶1 000～1∶200	1∶1 000～1∶200
L（W）≥1 000	1∶5 000～1∶500	1∶5 000～1∶500

工程地质测绘的详细程度，应与所选的比例尺相适应。图上宽度大于 2 mm 的地质现象必须描绘到底图上，对于评价滑坡形成过程及稳定性有重要意义的地质现象，如裂缝、鼓丘、滑坡平台、滑坡边界、剪出口等，在图上宽度不足 2 mm 时，应扩大比例尺表示，并标注实际数据。地质界线图上误差不应超过 2 mm。

3. 工程地质测绘内容

（1）滑坡所在区的自然地理及经济环境，包括自然地理、气象水文、社会经济状况、人类工程活动及发展规划等。

（2）滑坡产生的地质环境，包括地形地貌、地层岩性、地质构造、水文地质、外动力地质现象等。

（3）滑坡的形态特征及边界条件，包括滑坡体的位置、形态、分布高程、几何尺寸、规模、边界、底界、临空面、剪出口等。

（4）滑坡体的地质结构，主要包括滑体物质组成、结构构造，滑带形态、物质组成和结构特征；重视滑坡物质组成的分区特征调查，对于岩质滑坡应重视岩体结构面、软弱夹层性状的调查。

（5）滑坡的水文地质条件和地下水，调查滑体内滑体周边沟系发育特征和径流条件，地表水、大气降水与地下水的补排关系，井、泉、水塘、湿地位置，井、泉的类型、流量及季节性变化情况，地下水的水位、水质、水温及其变化，含水层及隔水层的位置、性质、厚度，岩土体的透水性，地下水径流流向、补给及排泄条件，生活用水的排放情况。

（6）滑坡的变形破坏特征，包括：先期滑坡发生时间、滑坡体运动轨迹，如路线、距离、最大水平和垂直位移量等；滑坡地貌，如裂缝、鼓丘、洼地分布及成生时间；监测资料分析；变形发育史。

（7）非地质孕灾因素（如库水位、降雨、冲蚀、人工作用等）的调查，包括其强度、周期以及它们对滑坡稳定性的影响，重点注意水库效应对涉水滑坡稳定性的影响。

（8）调查预测滑坡灾害的成灾范围及其影响范围，涉水滑坡应重视对河流航道的危害及堵河、涌浪的危害。

（9）调查滑坡及其影响范围内的人口及实物指标。

（10）根据滑坡地区的具体情况，进行滑坡治理所需的天然建筑材料调查。

4. 工程地质测绘方法

滑坡工程地质测绘应采用全面查勘法。对于重要的地质现象如边界、裂缝、软弱夹层、剪出口等，应进行追索并有足够的调查点控制；在覆盖或现象不明显地段，应有人工揭露点，以保证测绘精度和查明主要工程地质问题。

野外调查点一般分为以下几种：地层岩性点、地貌点、地质构造点、裂隙统计点、水文地质点、地质灾害点（包括滑坡边界点、裂缝点、滑坡后壁调查点、滑带调查点）等。调查点的间距根据具体情况确定疏密，一般为 2 ~ 5 cm（图面上的间距）。重要调查点的定位应采用 GPS 等仪器测量，一般调查点可采用半仪器定位。

调查点应分类编号，在实地用红漆标记，在野外手图上标出点号并用专门的卡片详细记录，尽量用地质素描和照片充实记录。重视点与点之间的观察，进行路线描述和记录。

5. 工程地质测绘提交成果及野外验收

滑坡工程地质测绘外业工作结束后，进行全面系统的资料整理和初步分析研究，并应提交下列主要原始成果：

（1）野外地质草图；

（2）野外测绘实际材料图；

（3）各类调查点的记录卡片；

（4）槽探素描图；

（5）地质照片图册。

原始资料整理完毕之后，勘查单位技术负责人应对原始资料进行野外验收，业主单位可派人参加验收。

2.5　滑坡勘探

滑坡勘探应在充分分析已有资料及进行工程地质测绘的基础上开展。勘探方法应以钻探（如图 2-27）、槽探（如图 2-28）、井探为主，辅以洞探及地球物理勘探（以下简称物探）。各勘探方法适宜性参照表 2-8。

表 2-8　常用勘探方法适宜性表

勘探方法	适用条件及布置
钻探	用于了解滑坡体内部组成与结构，包括岩土组成、滑面（带）情况、岩土层界线、控制性结构面及地下水状态，观测深部位移，采集各类岩土样品
槽探	用于确定滑坡岩土层界线、滑坡周界、后缘滑壁和前缘剪出口、卸荷裂隙等控制性结构面的产出情况，有时也可用作现场大剪及大重度试验

续表

勘探方法		适用条件及布置
井探		用于观察滑坡体内部结构，特别是滑面（带）特征、采集不扰动土样和进行原位大剪、大重度试验。一般应布置在滑坡的中前部主勘探线附近。当勘探的目标层在地下水位以下且水量较丰时不宜采用
洞探（平洞或斜洞）		用于观察滑坡体内部结构特征，采集不扰动土样和进行原位大剪、大重度试验。适用于地质环境复杂、深层、超深层滑坡的勘查。洞口宜选在滑坡两侧沟壁、滑坡前缘等易成洞口且安全的部位。平洞可兼作观测洞，也可用于汇排地下水，常结合斜坡排水整治措施布置
地球物理勘探	电阻率测深法	用于测定覆盖层厚度，确定基岩面形态；划分基岩风化带，确定其厚度；探测滑坡体的岩性结构，岩性接触关系；测滑坡堆积体的厚度，确定堆积床形态。适用于地形无剧烈变化；电性变化大且地层倾角较陡地区不宜。方法简单、成熟，较普及；资料直观，定性定量解释方法均较成熟。成本较低
	高密度电阻率法	用于探测隐伏断层，破碎带位置、产状、性质；探测后缘拉张裂缝、前缘鼓胀裂缝的位置、产状及充填状况；测定覆盖层厚度，确定基岩面形态；划分基岩风化带，确定其厚度；探测滑坡体地层结构，岩性接触关系；测定滑坡堆积体的厚度，确定堆积床形态。适用于地形无剧烈变化，要求有一定场地条件；勘探深度一般 < 60 m。兼具剖面、深测功能，装置形式多样，分辨率相对较高，质量可靠，资料为二维结果，信息丰富，便于整个分析。定量解释能力强。成本较高
	浅层地震勘探	用于探测隐伏断层的位置、产状、性质；测定覆盖层厚度，确定基岩面形态；测定滑动面的埋深，确定滑动面形态；探测滑坡体的地层结构，岩性接触关系；探测滑坡堆积体的厚度，确定堆积床形态。人工噪声大的地区施工难度大；要求一定范围的施工场地。对地层结构、空间位置反映清晰，分辨率高，精度高。成本高
地球物理勘探	声波测井法	用于探测隐伏裂缝的延深、产状；测定崩塌体岩石力学性质，确定岩石完整程度；探测破碎带、裂缝带，较弱地层的位置、厚度；检测防治工程质量，确定其强度、均匀性、破坏情况。钻孔测试需在下井管之前进行；干孔测试需要特殊的耦合方式；可对岩芯进行测定。测试工作技术简单，资料分析直观，效率高，效果明显，并可获得动力学参数。成本适中

图 2-27　钻探

图 2-28　槽探揭露的滑坡周界滑面

2.5.1　勘探线与勘探点布置要求

1. 主勘探线的布设原则

（1）主勘探线为勘探工作的重点，应在工程地质测绘的基础上进行布设。

（2）主勘探线应布设在滑坡主滑方向厚度最大的部位，纵贯整个滑体，与初步认定的滑坡中轴线重合或平行，其起点（滑坡后缘以上）要进入稳定岩（土）体范围内 10～50 m，必要时可至坡顶，终点应在剪出口以下 10～50 m，必要时可至谷底。

（3）主勘探线上所投入的工程量及点位布设，应尽量满足主剖面图绘制、试验及稳定性评价的要求，宜投入钻探、槽探、井探、洞探，并应保证控制性勘探点的数量。

（4）主勘探剖面上投入的工程量和点位布设，应尽量兼顾地下水观测和变形长期监测的需要，以便充分利用勘探工程即时进行观测和监测。

（5）对于主要变形块体在两个以上、面积较大的滑坡或后缘出现两个弧顶的滑坡，主勘探线宜布置两条以上。

（6）对于大型滑坡，纵勘探剖面上应尽可能反映滑坡的地貌要素，诸如后缘陷落带、横向滑坡梁、纵向滑坡梁、滑坡平台、滑坡隆起带、次一级滑坡等。

（7）滑坡横向勘查钻孔布设力求控制滑面横断面形态，从滑坡中轴线向两侧可依据地质、地貌或物探资料进行布设。

2. 副勘探线的布设原则

（1）副勘探线一般平行主勘探线，分布在主勘探线两侧，间距根据勘查阶段要求而定。在主勘探线以外还有次级滑坡时，副勘探线应沿其中心布设，在需要或条件允许的情况下，尽量达到稳定性计算剖面和监测剖面的勘查要求。

（2）副勘探线上的勘探点一般应与主勘探线上的勘探点位置相对应（或隔一个勘探点相对应），使横向上构成垂直于勘探线的数条横贯滑体的横勘探剖面，探查滑体的横向变化特征及侧边界，形成控制整个滑体的勘探网。

3. 工程轴线勘探线（横剖面）的布设原则

按选定的治理方案，有针对性地进行布设；对于实行一次详勘的项目，要及时与设计方沟通配合，其点线应服从设计工程布置要求。

4. 勘探点的布设原则

（1）勘探点应布设在勘查对象的关键部位和治理工程设计部位，除反映地质情况外，尽可能兼顾采样、现场试验和监测。

（2）勘探点的布设服从勘探线，尽量限制在勘探线的范围内。若由于地质或其他重要原因必须偏离勘探线时，应尽可能控制在 10 m 范围之内。

对于必须查明的重大地质问题，可以单独投入勘探点而不受勘探线的限制。

5. 各勘查阶段勘探线与勘探点间距要求

（1）可行性研究阶段勘探线、勘探点间距可按滑坡危害程度和地质条件复杂程度分级取值，当危害程度为三级、复杂程度为简单者取大值，反之取小值可参照表 2-9 取值。

表 2-9　可行性研究阶段滑坡勘探点线间距布置要求

纵勘探线间距/m	主勘探线勘探点间距/m	副勘探线勘探点间距/m
40～240	40～120	40～240

（2）初步设计阶段应尽量在可行性研究阶段勘探线、勘探点之上内插布置，勘探线、勘探点不必追求等间距布置，可在重要部位如拟布置治理工程的部位、滑体纵向与横向变化大的部位插入勘探线和勘探点。勘探线、勘探点间距参照表 2-10 取值。

表 2-10　初步设计阶段勘探点线间距布置要求

纵勘探线间距/m	主勘探线勘探点间距/m	副勘探线勘探点间距/m
20～120	20～60	40～120

（3）施工图设计阶段勘探线、点，主要结合滑坡治理工程设计需要和专门性工程地质问题进行补充勘探布置。

2.5.2　勘探工作量及勘探孔深度要求

1. 勘探工作量要求

（1）主勘探线上不宜少于 4 个勘探点。其中，作稳定性分析的块体内至少有 3 个勘探点，后缘边界以外稳定岩（土）体上至少有 1 个勘探点。

（2）钻探可占勘探点总数量的 4/5～3/4，其中控制性钻孔的数量可占钻孔数量的 1/3。

（3）井探、洞探工程是查证滑坡存在的重要手段，单靠钻探工程往往难以定论，因此必须保证井探、洞探工程的数量。

可行性研究阶段勘查探井、探洞数量占钻孔、探井、探洞总数的比例不宜少于 1/5；初步设计阶段勘查探井、探洞数量占钻孔、探井、探洞总数的比例不宜少于 1/4，对深层、超深层、超大型滑坡可适当减少，但不应少于 1/5。

（4）槽探的工作量。应根据地质测绘和地表采样的需要而定。

（5）物探的工作量。

物探常用于勘探点之间的剖面探测，并可用于对钻孔进行测井和井下电视观察。适宜的物探方法有电阻率测探法、高密度电阻率法、浅层地震勘探和声波测井法等，具体应用宜根据滑坡勘查的具体情况而定。

① 在投入钻探、坑探之前，按勘探剖面的要求先布设物探剖面，用于探查该剖面上滑体厚度、物质组成和滑床形态，优化选定勘探剖面及勘探点位。物探，工作量可根据滑坡勘查剖面的数量、长度而定，测井可根据需要而定。施工图设计阶段勘查可不用物探。

② 上述物探工作应进行二次解释。在钻探、井探、洞探对物探工作验证的基础上，与地质技术人员一起进行二次解释，避免物探多解性的误差，提高物探的探测精度。

2. 勘探孔深度的确定

滑坡勘探孔深度的确定应符合下列要求：

1）控制性勘探孔

（1）可行性研究阶段勘查的控制性钻孔，应不少于 3 个深孔，以查明深部滑动面或潜在滑动面（软夹层）为目的，其勘探深度应以地质判断为准。

（2）初步设计阶段勘查的控制性钻孔，需探查滑床作为治理工程持力层岩土体的地质情况，其控制性钻孔进入滑床的深度宜为孔位处滑体厚度的 1/3 ~ 1/2。

（3）施工图设计阶段勘查，拟布设抗滑桩部位的钻孔进入滑床的深度宜大于孔位处滑体厚度的 1/2，并不小于 5 m。

（4）探井、探洞探测深度应穿过最低滑面（带），进入稳定岩土体即可，但宜保证取样、现场原位试验、地下水观测和变形监测的要求。

2）一般性勘探孔

（1）可行性研究和初步设计阶段勘查的勘探孔深度应穿过最下一层滑面，达到滑动面以下稳定岩土体中 3 ~ 5 m。

（2）施工图设计阶段勘查的勘探孔深度应满足治理工程设计的需要，拟设置抗滑桩地段的钻孔进入滑床的深度宜为滑体厚度的 1/3 ~ 1/2。

2.5.3　滑坡勘探工程主要技术要求

1. 钻探工程主要技术要求

1）钻孔设计书的编制

孔位确定后，地质人员应编制钻孔设计书，或在总体勘查设计书中列入专门章节，作为钻孔的预测，指导钻探施工并阐明预期的目的。

钻孔设计书主要内容包括：

（1）钻孔目的：充分说明该钻孔的目的，使钻探人员了解该孔的重要性及钻进中应注意的问题，保证钻进、观测和编录工作的质量。

（2）钻孔深度：标明设计深度并说明何种情况下可以适当减少或加深孔深。

（3）钻孔结构：标明钻孔理想柱状图，包括孔径（开孔、终孔孔径）、换径位置及深度、固壁方法；作出推测地质柱状图，标识层位深度、岩性、地质构造、断层、裂隙、裂缝、破碎带、岩溶、滑带、软弱夹层、可能的地下水位、含水层、隔水层和可能的漏水情况，以及钻进过程中针对上述情况应采取的准备和措施。

（4）钻孔工艺：钻进方法、固壁办法、冲洗液、孔斜及测斜、岩芯采取率、取样及试验要求、水文地质观测、钻孔止水办法、封孔要求、终孔后钻孔处理意见（长观、监测或封孔等）。

2）钻孔深度及孔径的确定

钻孔深度应根据不同勘查阶段对勘探深度的具体要求，进行具体的设计，以达到地质要求为准。

土层原则上要求干钻，特别是推测的滑带及其上下 5 m 范围内必须干钻，并应控制回次进尺，滑体土回次进尺宜控制在 1 m 以内，滑带附近应控制在 0.3 m 以内。

　　钻孔孔径应根据钻孔深度、取芯要求、水文地质要求具体设计。为保证岩芯满足试验要求，终孔孔径不应小于 110 mm。

3）孔深误差及分层精度的要求

　　（1）下列情况均需校正孔深：主要裂缝、软弱夹层、滑带、溶洞、断层、涌水处、漏浆处、换径处、下管前和终孔时。

　　（2）终孔后按班报表测量孔深，孔深最大允许误差不得大于 1‰。在允许误差范围内可不修正，超过误差范围要重新丈量孔深并及时修正报表。

　　（3）钻进深度和岩土分层深度的量测精度，不应低于 ±5 cm。

　　（4）应严格控制非连续取芯钻进的回次进尺，使分层精度符合要求。

4）孔斜误差要求

　　（1）下列情况均需测量孔斜：每钻进 50 m、换径后 3 ~ 5 m、出现孔斜征兆时、终孔后。

　　（2）顶角最大允许弯曲度，每百米孔深内不得超过 2 度。

5）取芯要求

　　（1）不允许超管钻进。重点取芯地段（如破碎带、滑带、软弱夹层、断层等）应限制回次进尺，每次进尺不允许超过 0.3 m，并提出专门的取芯和取样要求，看钻地质员跟班取芯、取样。

　　（2）松散地层潜水位以上孔段，应尽量采用干钻；在砂层、卵砾石层、硬脆碎地层和松散地层中以及滑带、重要层位和破碎带等应采用提高岩芯采取率的钻进及取样工艺。

　　（3）长度超过 35 cm 残留岩芯，应进行打捞，残留岩芯取出后，可并入上一回次进尺的岩芯中进行计算。

　　（4）岩芯采取率要求，滑体 > 80%，滑床 > 85%，滑带 > 90%。同时应满足钻孔设计书指定部位取样的要求。

6）钻孔简易水文地质观测

　　（1）应观测初见水位、稳定水位、漏水和涌水及其他异常情况，如破碎、裂隙、裂缝、溶洞、缩径、漏气、涌砂和水色改变等。

　　（2）无冲洗液钻进时，孔中一旦发现水位，应停钻立即进行初见水位和稳定水位的测定。每隔 10 ~ 15 min 测一次，三次水位相差小于 2 cm

时，可视为稳定水位。

（3）清水钻进时，提钻后、下钻前各测一次动水位，间隔时间不小于 5 min。长时间停钻，应每 4 h 测一次水位。

（4）准确记录漏水、涌水位置并测量漏水量、涌水量及水头高度。

（5）接近滑带并没打穿滑带时，必须停钻测一次滑坡体的稳定水位，测稳定水位时应提水，观测其恢复水位，稳定时间应大于 2 h。终孔时应测一次全孔稳定水位。对于设计要求进行分层观测水位的钻孔，施工时应严格按分层观测水位进行，不完成此项则作为验收时报废钻孔的理由之一。

7）封孔要求

钻孔验收后，对不需保留的钻孔必须进行封孔处理。土体中的钻孔一般用黏土封孔，岩体中的钻孔宜用水泥砂浆封孔。

8）保留岩芯要求

勘查报告验收前，各孔全部岩芯均要保留。勘查报告验收后按专家组意见，对代表性钻孔及重要钻孔，应全孔保留岩芯，其他钻孔岩芯，可分层缩样存留，对有意义的岩芯，应揭片留样。治理工程竣工验收后，可不予保留。

9）钻孔地质编录

（1）钻孔地质编录是最基本的第一手勘查成果资料，应由看钻地质员承担。必须在现场真实、及时和按钻进回次逐次记录，不得将若干回次合并记录，更不允许事后追记。

（2）编录时要注意回次进尺和残留岩芯的分配，以免人为划错层位。

（3）在完整或较完整地段，可分层计算岩芯采取率；对于断层、破碎带、裂缝、滑带和软弱夹层等，应单独计算。

（4）钻孔地质编录应按统一的表格记录。其内容一般包括日期、班次、回次孔深（回次编号、起始孔深、回次进尺）、岩芯（长度、残留、采取率）、岩芯编号、分层孔深及分层采取率、地质描述、标志面与轴心线夹角、标本取样号码位置和长度、备注等。

（5）岩芯的地质描述应客观、详细，使别人能据描述作出自己的判断。对于只有结论性意见而无具体描述的编录，视为不合格。

（6）重视岩溶、裂缝、滑带及软弱夹层的描述和地质编录，编录中宜多用素描及照片辅助说明。注意对滑带擦痕的观察与编录；重视水文地质观测记录、钻进异常记录和取样记录。

（7）岩芯照相要垂直向下照，除特殊部位特写镜头外，每岩芯箱照一张照片，并有标注孔深、岩性的标牌。

10）钻孔施工记录

（1）要求每班必须如实记录各工序及生产情况，不得追记、伪造。原始记录均用钢笔填写。要求字迹清晰、整洁。记录员、班长、机长必须签名备查。

（2）每孔施工结束后2天内原始报表必须整理成册，存档备查。

11）钻孔验收

钻孔完工后勘查单位应及时组织按孔径、孔深、孔斜、取芯、取样、简易水文地质观测、地质编录、封孔八项技术要求对钻孔进行现场验收，业主单位可派人参加。对于未能取到滑带岩芯的或水文地质观测未能满足钻孔简易水文地质观测要求的，应定为不合格钻孔。对于不合格钻孔，应补做未达到要求的部分或者予以报废重新施工。验收打分评定为优良、合格、不合格三种钻孔。

12）钻探成果

（1）钻孔终孔后，应及时进行钻孔资料整理并提交该孔钻探成果，包括钻孔设计书、钻孔柱状图、岩芯数码照片、简易水文地质观测记录、取样送样单、钻孔地质小结（钻孔报告书）等。

（2）钻孔柱状图的内容与要求。

柱状图的比例尺，以能清楚表示该孔的主要地质现象为准，一般为1∶100～1∶200。对于岩性简单或单一的大厚岩层，可以用缩减法断开表示；柱状图图名处应标示：勘探线号、孔号、开孔日期、终孔日期、孔口坐标、钻孔倾角及方位。柱状图底部应标示责任栏；柱状图包括下列栏目：换层深度、层位、柱状图（包括地层岩性及地质符号、花纹、钻孔结构）、标志面与轴心线夹角、岩芯描述、岩芯采取率、取样位置及编号、地下水位和备注等。

（3）钻孔地质小结（钻孔报告书）的编写内容：钻孔周围地质概况、

钻孔目的任务、孔位、施工日期、施工方法、钻孔质量、钻进过程中的异常现象、主要地质现象、技术小结和地质成果分析及建议等。

2. 槽探、井探、洞探工程主要技术要求

1）槽探、井探、洞探工程的目的和适宜性

（1）槽探是在地表开挖的长槽形工程，深度一般不超过 3 m，多数情况不加支护。探槽用于剥除浮土揭示露头，多垂直于岩层走向布设，以期在较短距离内揭示更多的地层。探槽常用于追索构造线、断层、滑体边界，揭示地层露头，了解堆积层厚度等。

（2）垂直向地下开掘的小断面的探井，深度小于 15 m 者称为浅井，大于 15 m 者为竖井。浅井、竖井均需进行严格的支护。适用于厚度为浅层、中层的滑坡，用于自上而下全断面探查，达到连续观察研究滑体、滑带、滑床岩土组成与结构特征的目的，同时满足不扰动采样、现场原位试验及变形监测的需要。

（3）近水平或倾斜开掘的探洞，一般断面为 1.8 m×2 m，进行严格支护或永久性支护（注意留观察窗口），适用于滑体厚度为中层以上的滑坡。除达到连续观察研究滑体、滑带、滑床以及取样、现场原位试验及现场监测的目的外，还可兼顾用于滑坡排水等工程。

2）井探、洞探工程设计

井探、洞探工程应布置在主勘探线上，洞探方向应与主勘探线方向一致，一般宜布设于滑体底部，深度应进入不动体基岩 3 m，亦可在滑体不同高程上布设。

采用井探、洞探工程时，需编制专门的工程设计书或在总体勘查设计书中列入专门章节。井探、洞探工程设计书主要内容包括：

（1）掘进目的。

（2）井探、洞探工程场地附近地形、地质概况。

（3）掘进断面、深度、坡度。

（4）施工条件及施工技术要求：岩性及硬度等级、破碎情况、掘进的难易程度、掘进方法及技术要求、支护要求、地压控制、水文地质条件、地下水、掘进时涌水的可能性及地段、防护及排水措施、通风、照

明、有毒有害气体的防范、施工安全及施工巷道断面监测、施工动力条件、施工运输条件、施工场地安排、施工材料、施工顺序、施工进度、排渣及排渣场地与环境保护、其他施工问题等。

（5）地质要求：掘进方法的限制、施工顺序、施工进度控制、现场原位试验要求、取样要求、地质编录要求、验收要求、监测要求及应提交的成果等。

3）槽探、井探、洞探工程的地质工作

（1）地质编录的内容与要求。

① 揭露的岩土体名称、颜色、岩性、结构、层面特征、层厚、接触关系、层序、地质时代、成因类型、产状。放大比例尺对软弱夹层进行素描，并注意其延伸性及稳定性。

② 岩石风化特征及风化带卸荷带的划分，注意风化与裂隙裂缝的关系。

③ 断层及断层破碎带：产状、规模、断距、断层形态与展布特征、破碎带的宽度、构造岩、两盘岩性、断层性质等。

④ 裂缝、裂隙：逐条描绘裂缝及贯穿性较好的节理，记录其性质、壁面特征、成因、裂缝张开、闭合情况、充填情况、连通情况、相互切割关系、错动变形情况、渗漏水情况。

⑤ 滑带及重力变形带作为描述的重点，放大表示。描述其厚度、岩性、物质组成、构造岩、产状及展布特征、含水情况、近期变形特征及挤压碎裂和擦痕，其底部不动体的岩性特征、构造面、风化特征。

⑥ 水文地质现象：注意滴水点、渗水点、涌水点、连通试验出水点、临时出水点。注意其产出位置、水量，与裂缝、裂隙、岩溶的关系，水量与降雨的关系。

⑦ 记录各种试验点、物探点、长观点、取样点、拍照点、监测点的位置、作用、层位、岩性及有关的地质情况。

⑧ 开挖掘进过程中及时记录遇到的现象，尤其是裂缝、滑带、出水点、水量、顶底板变形情况（底鼓、片帮、下沉等）。一般要求每 5 m 作一掌子面素描图。对于围岩失稳而必须支护的地段，应及早进行素描、拍照、录像、采样及埋设监测仪器，必要时应在支护段预留窗口。

（2）地质素描图的有关要求

① 比例尺一般采用 1：20～1：100。

② 探槽的素描，应沿其长壁及槽底进行，绘制一壁一底展示图，如两壁地质现象不同，则绘制两壁图。为了便于平面图上应用，槽底长度可用水平投影，槽壁可按实际长度和坡度绘制，也可采用壁与底平行展开法。

③ 浅井、竖井的素描，其展视图至少作两壁一底，并注明壁的方位。圆井展视图以 90 度为一等分分开，取相邻两壁平列展开绘制，斜井展视图需注明其斜度。

④ 平洞的素描，其展视图一般绘制洞顶和两壁，其展开格式为以洞顶为准，两壁上掀的俯视展开法。若地质条件复杂，视需要加绘底板。当洞向改变时，需注示转折前进方向，洞顶连续绘制，两壁转折时凸出侧呈三角形撕裂叉口。洞深计算以洞顶中心线为准。洞顶坡度一般用高差曲线表示。

（3）有条件宜对井探、洞探工程进行录像。录像时应记录并口述（同步录音）录像时镜头的方位及主要地质内容。

4）取样及现场原位试验

槽探、井探、洞探工程一项重要的工作是采原状试样，应按勘查试验的有关规定和设计要求进行取样。对于现场原位试验，视需要进行试验段的地质素描和试件的地质素描及试验后的试件素描。

5）槽探、井探、洞探工程应提交的成果

地质编录、地质素描图、重要地段施工记录（支护及服务年限、地压防护、变形情况、通风措施、地下水排水措施等）、照片集、录像、取样送样单、各种点位记录、地质小结（或报告书）等。

6）探井、探洞工程的保护与封闭

对于竣工的探井、探洞宜综合使用，可用于现场原位试验、取样、地下水观测、滑坡变形监测、排放地下水及施工等，需妥善保护。对于不使用的，则予以封闭，不留隐患。

3. 物探工程主要技术要求

地质介质与地质灾害体的结构、成分及其组合形式的不同，决定了不同地质对象间的物性差异，包括弹性波参数（主要是波阻抗）、电阻率、电磁参数、密度、放射性参数的差异，为物探技术的应用提供了地球物理前提。主要物探方法有：电阻率测深法、高密度电阻率法、浅层地震勘探、声波测井法。

1）物探设计书的编制

物探设计书主要内容包括：

（1）物探目的。

（2）工程场地附近地形、地质概况。

（3）物探剖面布设与探测深度。

物探剖面应与勘探剖面一致，充分利用地质测绘成果和钻探坑探成果来求解，提高其可靠性与准确性。探测深度，应大于滑体岩土体厚度、裂缝深度、控制性软夹层的深度和钻孔深度，具体应满足总体勘查设计所提出的地质要求。

（4）物探技术方法的选择。

分析方法的适宜性和有效性；选择适宜的物探方法。必要时，应在设计前进行现场踏勘和方法有效性试验。物探技术方法的选择原则：

① 充分收集分析工作区已有地质、工程地质、水文地质、物探成果资料及水文、气象等相关资料，根据工作区地质环境、灾害种类选择相应技术方法。

② 地质和物探技术人员共同赴工作区现场踏勘，根据工作区现场条件，结合各种物探工作方法的原理、适用范围、适宜的工作环境与须尽力避免的制约、不利因素，因地制宜分析选择。

③ 在勘查总工作量许可的前提下，尽可能选用多种方法、手段，发挥各自特长，互相验证、补充，并做到地面与深部（井、孔、硐内）物探工作配合使用。

（5）施工条件及施工技术要求。物探技术要求按现行的专业标准执行。对专业标准尚未能包容的手段，应根据有关资料或经验等自行编制，审批后作为暂行标准使用。

2）野外工作要求

（1）原始记录应准确、齐全、清晰，记录应及时，不得事后凭回忆填写，不得任意涂改，严禁伪造。

（2）每天野外工作结束，应及时将原始记录进行初步整理，交项目组或专人对全部野外资料进行检查和初步验收，并作出评价，发现较大质量问题应及时通知，并提出改进建议。

（3）数据文件名应在野外记录中清晰记录下来，文件名应遵循一定原则，以便记忆，如在后期更改文件名，应在野外记录中加以说明。每个工地结束后，应将数据文件备份到计算机中，防止数据丢失。整个项目结束时，应将原始数据文件刻入光盘存档，以便将来项目验收。

3）物探成果解释

地球物理勘探成果应由地球物理与工程地质人员联合作出解释，在钻探、井探、洞探实施后应结合勘探成果进行二次解释，提高物探成果的准确性和探测精度。

4）应提交的物探成果

（1）物探勘查（测试）成果报告；

（2）物探工作实际材料图；

（3）物探勘查、测试原始记录材料：数据、图像、曲线、卡片等；

（4）物探勘查（测试）资料解释、处理曲线、图件，解释（或推断）灾害体地质平面图、剖面图，物探成果验证地质图；

（5）岩土体物理力学参数，动弹性学参数；

（6）物探勘查剖面、点位地形测量成果。

2.6 试验室及原位试验

试验以满足滑坡稳定性评价及治理工程设计需要为目的，尽量以现场试验与室内试验相配合。试验对象包括滑带、滑体和滑床的岩土体和地下水。

2.6.1 岩土室内试验

室内试验项目包括岩土的物理性质和力学性质，岩土的颗粒成分、矿物成分、化学成分和微观结构特征，地下水和地表水的化学成分及对混凝土的侵蚀性和对钢结构的腐蚀性，详见表 2-11。试验工作量应达到表 2-12 要求。

表 2-11   岩土室内试验项目一览表

	试验项目	符号	单位	滑带	滑床	滑体	备注
物理性质	天然含水量	ω	%	√	√	√	
	密度	ρ	g/cm³	√	√	√	
	重度（天然、饱水）	γ、γ_w	kN/m³	√	—	√	
	孔隙比	e	—	√	—	√	
	塑限	w_P	%	√	—	○	
	液限	w_L	%	√	—	○	
	膨胀性	—	—	○	○	○	
	水平渗透系数	k_-	cm/s	—	—	—	
	垂直渗透系数	$k_\perp$	cm/s	√	—	—	
力学性质	天然快剪	c；φ	kPa；（°）	√	—	—	抗剪强度试验均要求取峰值强度和残余值强度
	饱和快剪	c；φ	kPa；（°）	√	—	—	
	固结快剪	c；φ	kPa；（°）	√	—	—	
	饱和固结快剪	c；φ	kPa；（°）	√	—	—	
	重复剪	c；φ	kPa；（°）	○	—	—	
	三轴压缩	c；φ	kPa；（°）	○	√	○	
	压缩	σ；E；M	kPa；kPa⁻¹；—	—	√	○	
	直剪	c；φ	kPa；（°）				
	微观结构	—	—	√	—	—	
物质组成	颗粒成分		%	√	—	—	
	土石比		%	√	—	—	
	黏土矿物成分	—	—	○	—	—	
	化学成分	—	%	○	—	—	

注：①√应做的试验，○根据需要选做的试验；②水质分析根据需要确定做的试验。

表 2-12　室内试验每单项试验数量（组）

滑坡规模及治理工程等级	滑带及滑床和滑体的岩土层的物理、力学性质（组）	滑带土的物质组成成分和微观结构特征（组）	地下水、地表水的化学简分析及对混凝土的侵蚀性分析（组）
大型及以上，一级	≥10	4～6	4～6
中型，二级	8～10	2～4	2～4
小型，三级	6～8	2	2

　　室内试样应尽可能在探槽、探井或探洞内采集不扰动试样（原状试样），岩石试样也可在钻孔中采集，土试样和滑带试样可通过钻孔用薄壁取土器静力压入法采集不扰动试样（原状试样）；不宜采用扰动土样做重塑土样试验。但在天然原状试样无法采集时，可采用保持天然含水量的扰动土样做重塑土样试验，但对试验结果应加强分析。

　　滑带土抗剪强度（c、φ）室内试验，应根据滑坡现场含水情况和排水条件及实际受力状态，采用天然快剪和饱和快剪或固结快剪和饱和固结快剪试验方法进行，以获得相应的峰值和残余值的抗剪强度（c、φ）值。

　　当滑带土厚度大于 20 cm 时，应注意确定其主滑面或其主滑方向及其倾角，采集相应的试样，以沿其主滑面或滑带土指向进行上述相应的直剪试验；也可按其滑动方向确定的主应力进行三轴压缩试验。对不含碎石颗粒而砾石（砾粒）含量较高的滑带土，宜进行中型直剪试验。通过上述试验，以获得相应的峰值和残余值的抗剪强度（c、φ）值。必要时，可适当地进行滑动面的重合剪切试验。

　　为防止施加工程后滑体在软弱界面处产生次级滑动，必要时，可采集滑坡堆积层主要软弱界（层）面不扰动试样，沿着滑动方向进行直剪试验；或在滑坡堆积层中采集不扰动试样，沿其滑动方向进行直剪试验或按其滑动方向确定的主应力进行三轴压缩试验；以求取相应的峰值和残余值的抗剪强度（c、φ）值。

　　以治理工程设计需要为主要目的，对滑床的主要有关岩层采集原状试样，进行按铅直方向为最大主应力的三轴压缩试验；还应对顺坡层状滑床和近水平层状滑床采集其对稳定性控制的层面和软弱夹层的原状试样，沿可能滑动方向进行其抗剪强度（c、φ）值试验，以求取相应的峰值和残余值抗剪强度（c、φ）值。采集滑床原状试样，进行铅直方向的压缩试验，以求取相应的抗压强度、弹性模量和泊松比。

直剪试验时，滑带（面）或剪切面上的最大法向应力应根据滑带（面）或剪切面上覆实际荷载（岩土体自重等）的 1.2 倍的法向分应力确定。三轴压缩试验的围压应据其相应的实际荷载来确定。

2.6.2　岩土原位试验

岩土原位试验主要是滑带土原位大面积直剪试验和滑体大体积重度试验。试验工作量应达到表 2-13 的要求。滑带土原位大面积直剪试验应在探井、探洞中进行；滑体大体积重度试验应在滑体的主要组成岩土层中进行。

表 2-13　岩土原位试验数量

滑坡规模及治理工程分级	滑带土原位大面积直剪试验/组		滑体大体积重度试验/组	
	天然状态	饱和状态	天然状态	饱和状态
大型以上，一级	2	2	≥6	≥6
中型，二级	1~2	1~2	4~6	4~6
小型，三级	依据需要确定		2~4	2~4

滑带土的原位大面积直剪试验，应选择对滑坡稳定起控制性的滑带土，试验分为滑带土处于天然含水状态和饱和含水状态两种试样直剪试验，每组试样 5 块，其物理性质、物质组成和地质特征应基本相同。每块试样尺寸，滑带土作为剪切面其尺寸为 50 cm×50 cm，其上试样高度不小于剪切面最小边长的 1/2 倍，每块试样间距宜大于最小边长。试验时，在每块试样（滑带或剪切面）上，施加不同的法向荷载，其值按最大法向荷载大致 5 等分的 1 至 5 倍分别施加于 5 块试样上，最大法向荷载为试样上覆实际荷载在滑带或剪切面上法向荷载的 1.2 倍。每块试样的推力方向应与滑坡主滑方向一致。通过滑带土的原位大面积直剪试验，以求取滑带土在天然含水状态下和饱和含水状态下的峰值和残余值抗剪强度（c、φ）值。

滑带土原位大面积直剪试验前，应对试样（主要是滑带土的含水状态和饱水状态）物理性质和物质组成，及地质特征等进行描述，试验结束后，应对剪切面的剪切角和实际剪切面积进行测量，对剪切面的剪切（滑移）形迹特征及其方向以及其他的力学现象进行详细描述记录，并进行照相和作图。

滑体大体积重度试验宜采用容积法，每组试样不少于 3 块，其物理性质、物质组成和地质特征应基本相同。试坑体积根据土石粒径或尺寸确定，一般不宜小于 50 cm×50 cm×50 cm，体积可通过注水测量，试坑内岩土体试样通过称重法确定，并测定试样的含水率。

2.6.3　水文地质原位试验与观测

水文地质原位试验主要是采用钻孔注水试验、钻孔抽水试验或试坑注水试验来了解岩土层的渗透性和含水层状态及求取岩土层渗透系数，采用钻孔地下水动态简易观测来了解地下水动态和地下水水位。试验工作量应达到表 2-14 的要求。

表 2-14　钻孔注（抽）水试验和地下水简易观测孔数

滑坡规模及治理工程分级	钻孔分层（段）注（抽）水试验	钻孔地下水动态简易观测
大型及以上，一级	5 孔	9 孔（主勘探线上 3 孔，两邻侧副勘探线上各 3 孔）
中型，二级	3 孔	5～7 孔（主勘探线上 3 孔，两邻侧副勘探线上各 1～2 孔）
小型，三级	2 孔	3 孔（主勘探线上）

滑坡体存在地下水时，应进行抽水试验，地下水水量较小时，可采用简易抽水试验（提简抽水），地下水水量较大时，应进行一次最大降深抽水试验，其稳定时间应为 4~8 h，当滑坡体具多个含水层时，应进行分层抽水试验。

当滑坡体处在地下水位以上时，宜采用注水试验，当在垂向上岩土层组成与结构及透水性的差异较大时，宜进行分层注水试验。

钻孔发现地下水时，视情况做好分层止水，测定其初见水位和稳定水位及含水层厚度，并进行动态观测，一般的滑坡勘查期间地下水动态观测可采用简易观测，观测时间一直到勘查结束。

2.7 滑坡稳定性分析与评价

滑坡稳定性分析与评价要按定性分析与评价和定量分析与评价两部分进行，然后将其评价结果进行综合与统一，得出一致的综合评价结论。

2.7.1 定性分析与评价

工程地质环境资料是滑坡稳定性评价的基础性资料，它包括自然地理条件、地层岩性、地质构造及地震、水文地质条件等，可以通过查阅历史资料、调查访问及地质勘探获得。

自然地理条件含地形地貌及气象水文条件。现有地形地貌可以通过现场实测或拍照获得；既有地形地貌可以通过查阅既有地形图、照片和调查访问搜集，利用地形地貌资料可以判定该滑坡是否为古滑坡或老滑坡，主要保护对象位于滑坡的什么部位，对滑坡有何影响，同时可与附近稳定斜坡比较，从宏观上定性分析滑坡的稳定性，并为定量分析提供断面资料；气象水文资料可以从区内或附近气象水文站搜集，从气象水文条件可以掌握雨季、雨量大小及其与滑坡的关系，河流水位、流量大小、流量变化及河流下切侧蚀对滑坡的影响。

地层岩性和地质构造可以通过地质勘探获得，它们是滑坡形成的地质基础，决定着滑坡的范围和规模，是滑坡稳定性评价的基础资料。

地震资料可以通过查阅历史资料和国家地震区划资料获得，根据历史上发生的地震震级及国家区划的地震基本烈度，分析地震对滑坡的影响。

水文地质资料通过地质勘查和水文调查获取，通过水文地质资料可以分析地下水对滑坡的影响，从而为稳定性评价提供资料。

滑坡稳定性定性分析往往采用工程地质比拟法，它是滑坡稳定性分析评价的基础，主要是从自然条件、作用因素及其变化上对比分析滑动与稳定之间的关系，据以判断滑坡的稳定程度。

1. 地貌形态及其演变分析

滑坡作为动力地质现象，有其发育阶段的微地貌特征和地表迹象，因此可以从微地貌形态的演变特征来进行滑坡稳定性的判断和评价。对新近滑动的滑坡和正在活动且变形较大的滑坡，地貌特征十分明显，对比分析较为容易。注重微地貌形态的演变特征，将需要评价的滑坡与周围尚属稳定之斜坡的地貌特征，及当地类似条件下的各个不同发育阶段和不同稳定程度的滑坡在地貌形态上的特点进行对比，如斜坡面上的凹槽、冲沟、陡坎、平台，地形上的圈椅状、簸箕状、反坡状洼地、双沟同源冲切沟，斜坡上局部变形滑塌、水泉湿地及不同植被的分布等。根据以上对比分析可大致判断滑坡的稳定程度。

2. 宏观地质条件对比分析

滑坡是在一定地质条件下产生的，它的形成具备一定的地质背景，与稳定斜坡比较其地质条件存在诸多不同。因而必须分别对滑坡周围的稳定斜坡和滑坡所在的变形斜坡的地质情况进行调绘和必要的勘探，将需要判断滑坡稳定性斜坡的地层、岩性、地质构造、水文地质条件、软弱夹层和滑带土性质等与周围的稳定斜坡、类似地质条件下的稳定斜坡和不稳定斜坡及不同滑动阶段的滑坡进行对比分析，找出彼此在地质条件方面的出入及差异，并结合地质条件的可能变化，分析判断滑坡的稳定性。

3. 滑动因素的变化分析

滑坡的稳定性受诸多因素的影响，如地壳上升使斜坡变陡，滑坡中后部加载、振动、水及风化作用与卸荷膨胀等使土体的强度降低等，这些均可导致下滑力增大而稳定性降低；河岸冲刷和人工切割坡脚破坏了斜坡前部支撑，致使抗滑力减小而导致滑坡稳定性降低甚至失稳；水文地质条件改善、恶化条件减缓或消除，滑坡滑动后滑动面变缓、滑体重心降低或在滑坡前部抗滑段加载，造成滑坡下滑力减小、抗滑力增大而稳定性提高。因此，采用工程地质工作的各种手段如调查、访问、测绘、勘探和试验等找出引起滑动的主次因素及其变化趋势，即可定性地判断滑坡的稳定性。

4. 滑动迹象及其发展变化分析

滑坡在各个发育阶段反映出各不相同的变形迹象，掌握了这些变形迹象就可以判明滑坡当前所处的滑动阶段及发展趋势。如滑体前、后缘地貌的变化，裂缝出现的部位、性质、发育顺序及贯通情况，泉水及湿地变化情况，滑带及滑体各部分的位移及破坏情况，滑坡岩土破坏发出的声音等，这些迹象可通过调查、访问、目测描述和动态观测等获得，这是判断滑坡稳定性的直观而可靠的一种手段。依据滑坡滑动过程中地表裂缝出现的部位、性质及发育的顺序，滑坡的微地貌特征，岩土结构的变化以及大滑动前的预兆等，一般将滑坡的发育过程分为变形、蠕动、滑动和稳定等 4 个阶段（表 2-15），根据各阶段相应的变形迹象可判断其稳定性。

表 2-15　滑坡发育阶段划分

发育阶段	滑动带及滑动面	滑坡前缘	滑坡后缘	滑坡两侧	滑坡体
变形阶段	主滑段滑动带在蠕动变形，但滑体尚未沿滑动带位移，少数探井及钻孔发现新滑动面	无明显变化，未发现新的泉点	地表或建（构）筑物出现一条或数条与地形等高线大体平行的拉张裂缝，裂缝断续分布，多成弧形向内侧突出	无明显裂缝，边界不明显	无明显异常
蠕动阶段	主滑段滑动带已基本形成，滑体局部沿滑动带位移，滑带土特征明显，多数探井及钻孔发现滑动带有镜面、擦痕及搓揉现象	常有隆起，有放射状裂缝或大体垂直等高线的压致张裂缝，有时有局部坍塌现象或出现湿地或有泉水溢出	地表或建（构）筑物拉张裂缝，多而宽，且贯通，外侧下错	出现雁行羽状剪切裂缝	有裂缝及少量沉陷等异常现象

发育阶段	滑动带及滑动面	滑坡前缘	滑坡后缘	滑坡两侧	滑坡体
滑动阶段	整个滑坡滑动带已全面形成，滑带土特征明显且新鲜，绝大多数探井及钻孔发现滑动带有镜面、擦痕及搓揉现象，滑带土含水量常较高	出现明显的剪出口并经常错出，剪出口附近湿地明显，有一个或多个泉点，有时形成了滑舌，滑坡舌常明显伸出，鼓张及放射状裂缝加剧并常伴有坍塌	张裂缝与滑坡两侧羽状裂缝连通，常出现多个阶坎或地堑式沉陷带,滑坡壁常较明显	羽状裂缝与滑坡后缘张裂缝连通，滑坡周界明显	有差异运动形成的纵向裂缝、中、后部水塘、水沟或水田渗漏,不少树木成醉汉树,滑坡体整体位移
稳定阶段	滑体不再沿滑动带位移，滑带土含水量降低，进入固结阶段	滑坡舌伸出，覆盖于原地表上或到达前方阻挡体而壅高，前缘湿地明显，鼓丘不再发展	裂缝不再增多，不再扩大，滑坡壁明显	羽状裂缝不再扩大，不再增多甚至闭合	滑体变形不再发展,原始地形总体坡度显著变小,裂缝不再扩大,不再增多,甚至闭合

5. 滑坡稳定性野外评价标准

（1）稳定：在设计工况和特殊工况条件（暴雨等）下均是稳定的。

滑坡体外貌特征后期改造很大，滑坡洼地基本难以辨认，滑体地面坡度平缓（≤10°），前缘临空低缓（一般＜5 m，坡度＜10°），滑体内冲沟切割已至滑床。滑面起伏较大，且倾角平缓（≤10°），滑坡残体透水性良好，剪出口一带泉群分布且流量较大，滑距较远，能量已充分释放，残体处于稳定状态，滑坡周边没有新的堆积体加载来源，前缘已形成河流侵蚀的稳定坡型或有河流堆积。经分析和实地调查，找不出可导致整体复活的主要动力因素，人为动力因素很弱或不存在。

（2）基本稳定：在设计工况条件下是稳定的，在特殊条件下其稳定性有所降低，有可能局部产生变形，但整体仍是稳定的。

滑坡体外貌特征后期改变较大，滑坡洼地能辨认但不明显或略有封闭，滑体地面平均坡度较缓（10°～15°），滑坡前缘临空比较低缓（高度5~10 m，坡度10°～15°），滑体内沟谷已切至滑床。滑面形态起伏，滑面平均倾角≤15°，滑坡残体透水性良好，滑距较远，能量已充分释放。滑坡周围无新的堆积物加载来源，前缘已形成河流侵蚀的稳定坡型。经分析和实地调查，在特殊工况条件下其整体稳定性有所降低，但仅可能产生局部变形破坏。

（3）潜在不稳定：在现状条件下是稳定的，但安全储备不高，略高于临界状态。在设计工况条件下其向不稳定方向发展，在特殊工况条件下有可能失稳。

滑坡体外貌特征后期改造不大，后缘滑坡洼地封闭或半封闭。滑体平均坡度较陡（15°～30°），滑坡前缘临空较高陡（高度10～15 m，坡度15°～30°），滑体内沟谷切割中等。滑面形态为靠椅状或平面状，滑面平均倾角15°～30°。滑坡残体透水性一般，滑距不太远，能量释放不充分。滑坡后缘有加载堆积或有一定数量的危岩体等加载来源，前缘受河流冲刷有局部坍塌，尚未形成稳定坡型，整体尚无明显变形迹象。经实地调查和定性分析，在一般工况条件下是稳定的，但是安全储备不高，在特殊工况条件下有可能整体失稳。

（4）不稳定：在现状条件下即近于临界状态，且向不稳定发展。在设计工况条件下将失稳。

滑坡体外貌特征明显，滑坡洼地一般封闭明显。滑体坡面平均坡度陡（＞30°），滑坡前缘临空高陡（高度＞15 m，坡度＞30°），滑体内沟谷切割较浅。滑面呈靠椅状或平面状，滑面平均倾角＞30°。滑坡结构松散，透水性差。滑距短，滑坡残体保留较多，剪出口以下脱离滑床的体积较少。滑坡有加载来源，前缘受河流冲刷有坍塌产生。近期滑体上有明显变形破坏迹象，后缘弧形裂缝或塌陷，两侧羽状开裂，前缘鼓胀、鼓丘等。经实地调查和分析，滑体目前接近于临界状态，且正在向不稳定方向发展，在特殊工况条件下有可能大规模失稳。

2.7.2 定量分析与评价

滑坡稳定性定量分析与评价是在定性分析与评价的基础上，根据勘查所确定的滑坡地质剖面，采用静力平衡理论计算拟评价滑坡在设计工况下的稳定系数，进而评价滑坡的稳定性。定量分析与评价应对每条纵勘探线和每个可能的滑面进行稳定性评价。除应考虑滑坡沿已查明的滑面滑动外，还应考虑沿其他可能的滑面滑动。应根据计算或判断找出所有可能的滑面及剪出口。对推移式滑坡，应分析从新的剪出口剪出的可能性及前缘垮塌对滑坡稳定性的影响；对牵引式滑坡，除应分析沿不同的滑面滑动的可能性外，还应分析前方滑体滑动后后方滑体滑动的可能性。滑坡稳定性计算最终结果所对应的滑动面应是已查明的滑面或通过地质分析及计算搜索确定的潜在滑面，不应随意假设。

1. 滑坡计算范围的确定

滑坡稳定性分析计算一般选取平行于滑坡主滑方向的主轴剖面，滑坡规模较大时，往往需辅助选择多个辅剖面同时进行计算。对于平面上呈折线的滑坡，计算主轴随滑动方向的转折而转折，也就是说，滑坡主轴并不一定是一条直线，它有时表现曲线、折线。

对于推移式滑坡，滑坡的计算范围是由最远一条后缘贯通性裂缝至前缘剪出口的区域。后缘贯通性裂缝后部发育规模较小的断续状小裂缝时，其只能作为潜在滑坡的后缘，而非滑坡后缘。对于牵引式滑坡，只计算前一级滑坡的滑动范围，即从前级滑坡最远一条后缘贯通性裂缝至前缘剪出口计算滑坡的下滑力。

对具有多层滑面的滑坡，应分别依据各层滑面特征分别逐层进行计算，确保不同深度的滑面作用于支挡加固工程时，均能保证工程的安全。一般遵循在满足相关规范要求的基础上，依附于浅层滑面的滑坡安全系数相对较高，依附于浅深层滑面的滑坡安全系数相对较低。

2. 滑带抗剪强度参数的确定

1）滑带抗剪强度参数的确定方法

滑坡稳定系数计算所用的计算参数主要有滑体重度（γ）、滑带土黏聚力（c）及内摩擦角（φ），其中滑带抗剪强度的取值是滑坡稳定性计算中非常重要的部分，也是关键部分，取值的正确与否直接影响到计算的结果。

确定滑带抗剪强度参数采用值时，以滑坡稳定性的宏观地质判断为前提，以滑带土的物质组成及综合性状为基础。首先，根据工程地质勘查成果，判断滑带位置、形态、土质、可能滑面；然后，以符合滑坡稳态的总应力法剪切试验（快剪、饱和快剪或固结快剪、饱和固结快剪）成果作为设计取用值的依据；再根据滑坡过去或现状进行反演分析得出的 c、φ 值作验证；并参考类似工程的经验数据等四方面分析对比，充分考虑滑坡目前所处的环境、状态及地下水等诱发因素的影响，最后得出的抗剪强度计算参数比较符合实际。

（1）确定滑带抗剪强度指标的剪切试验方法。

采用滑带土进行剪切试验，以原状土的天然快剪或饱和快剪为主；无法取得原状样时，采用滑带重塑土试验。处于基本稳定或变形阶段的滑坡取峰值强度；处于滑动阶段的滑坡取残余强度（地下水位以下的滑带土采用近液限固结快剪残余强度，地下水位以上的滑带土采用天然状态下的快剪残余强度）；处于蠕动阶段和滑后稳定阶段的滑坡，滑面抗剪强度在滑带土的峰值强度与残余强度之间取值。处于蠕动、滑动或稳定阶段的滑体、滑床内未曾有过位移的潜在滑面均可取峰值强度指标。

① 新生的、处于基本稳定或变形阶段的滑坡滑面尚未完全形成，宜采用滑带原状土的试验成果。根据滑带充水情况：当滑带为埋藏较深的不透水黏土层，采用固结快剪试验的峰值强度；滑带为含水量较高的不透水黏土层，宜采用快剪试验的峰值强度。

② 多次滑动、已有完整滑面的滑坡，宜采用抗剪强度的残余值。目前仍处于滑动阶段的滑坡，滑带为黏性土或残积、坡积土时，采用重塑土多次直剪试验得出的残余强度；滑带为流塑状态的软土时，上覆土层的垂直荷载难以成为滑带土内颗粒间的有效应力，可用快剪试验的残余强度；滑带土湿度不大，宜采用滑面重合剪的残余强度。

③ 滑带为角砾土或其他粗颗粒含量较多的土或滑面为岩层接触时，宜采用现场大面积剪切试验成果；采用室内直剪试验成果时，宜乘以

1.15～1.25 的系数。

④ 古滑坡及滑移量小的滑坡，滑面抗剪强度介于滑带土的峰值与残余值之间，可采用原状土样的重合剪切试验或现场原位剪切试验测定值。

⑤ 滑坡稳定系数计算采用的滑面强度指标宜选用标准值（重要工程尚可采用小值平均值复核），其与平均值的关系为：

$$\phi_k = r_s \cdot \phi_m$$

$$r_s = 1 - \left(\frac{1.704}{\sqrt{n}} + \frac{4.678}{n^2} \right) \delta$$

式中：ϕ_k——岩土参数的标准值；

ϕ_m——岩土参数的平均值；

r_s——统计修正系数；

δ——岩土参数的变异系数；

n——试验组数。

（2）验证滑带抗剪强度指标的反演分析法。

反演分析法，一般应根据已经滑动或有明显变形的滑坡，采用双剖面法进行联合反算，条件不具备时可采用单剖面进行计算。对已经滑动的滑坡，应按滑动前的剖面形态进行反演分析，稳定系数 F_s 可取 0.95～1.00；对有明显变形但暂时稳定的滑坡，可按现状剖面形态进行反演分析，稳定系数 F_s 可取 1.00～1.05。反演分析结果只代表整个滑面力学参数的平均指标。由于滑面各部位性质有差别，使用同一力学参数有时会引起较大误差。为消除这一影响，可先用试验方法或参考经验数据，确定牵引段及抗滑段指标，只反算埋深较大的主滑段的力学参数。

根据滑带不同土质，可采用综合 c、综合 φ 或兼有 c、φ 反演分析法进行反演分析。

① 综合 c 反演分析法：滑带为饱和黏性土，粗颗粒含量较少且被黏性土包裹，滑动时粗颗粒不相互接触，排水困难，其滑面抗剪强度主要由黏聚力 c 控制，可将摩阻力的实际作用纳入综合黏聚力 c 的指标内。

② 综合 φ 反演分析法：滑带为断层错动带或错落带等的风化破碎岩屑，或为硬质岩的风化残积层时，粗颗粒含量大，在滑动中可排水，滑

面的抗剪能力主要取决于摩擦力，黏聚力很小，可将黏聚力的实际作用纳入综合 φ 值的指标内。

③ c、φ 反演分析法：滑带由粗细颗粒混合组成，其滑面抗剪强度需同时考虑 c、φ 两个抗剪强度参数影响，可采用以下三种方法。

方法一：在同一次滑动中，找出两邻近的瞬间滑动计算剖面，建立两个反算式联立求解。

方法二：根据同一剖面位置、不同时间，条件有差异的两次滑动瞬间计算剖面，建立两个反算式联立求解。

方法三：根据滑面土质及滑动瞬间含水情况、抗剪强度试验成果及类似滑带土强度的经验数据，定出其中一个参数值（c 或 φ 值），反算另一个参数值。当滑带土以黏性土为主时，可先定 φ 值，再反算 c 值；当滑带土以碎石土或砂性土为主时，c 值主要由嵌锁效应产生，宜先按滑体土层厚度确定相应 c 值，再反算 φ 值。

2）滑带土的力学性质

（1）滑带土为黏性土时，抗剪强度与矿物质成分及含水量、滑移状况有关。处于同一种塑性状态时，力学参数随含水量增加而降低，但幅度不大；而从可塑到软塑，或从软塑到流塑状态，力学参数变化较大；含水量超过一定限度后，力学参数便不再减小。含水量由非饱和状态至饱和状态，内摩擦角降幅多在 15%～20%，黏聚力降幅则可达 40%～50%。这种效应常是造成浅层滑坡的主要根源。滑坡在从静态向动态转化过程中，力学参数还会不断降低至残余强度，内摩擦角约为峰值强度的 85%～90%，黏聚力约为峰值强度的 60%～65%，与土的原始受力状态及原始密度无关，因此，可采用重塑土样试验得到滑带土的残余强度。

（2）滑带土为粉细砂时，其内摩擦角受含水量变化的影响较小，由非饱和到饱和状态的降幅多在 10%～15%；但由物理吸附力丧失造成的凝聚力降低非常明显，可由 20～40 kPa 呈负指数关系降低至接近于零。这种效应通常是浅层滑坡及溜滑现象的主要根源。

（3）含水量变化对以粗粒土为主的滑带土力学参数的影响相对较小，对粗细粒土混杂的滑带土力学参数有较大影响。当粗粒土体积含量小于60%～65%时，与细粒土混合形不成受力骨架，其抗剪强度主要由细粒土

（黏性土）决定。

（4）滑带土由粗细颗粒混合组成的崩积、坡积体，其力学参数与滑坡斜面坡角（滑坡前缘剪出口与后缘顶部连线的坡角）有明显相关关系（表 2-16）。

表 2-16　粗细颗粒混合组成的崩积坡积体滑面抗剪强度参数

滑坡斜面坡角 / (°)	统计实例数	滑面抗剪强度参数值		相关系数
		φ/ (°)	c/kPa	
<10	46	<9.0	5.8	0.941
10~15	132	14.8	3.4	0.951
15~20	127	20.7	0.4	0.935
20~25	95	23.6	4.4	0.941
25~30	40	27.9	4.0	0.930
>30	27	30.0	7.3	0.944

（5）以结构面为滑面的岩质滑坡，滑带及滑面力学参数受结构面咬合嵌锁作用影响，在滑体上增加荷载时，增加了结构咬合程度，力学参数也会有所提高，遇水饱和后力学参数降低则与岩性有关，泥质岩类降幅可达 40% ~ 60%，而砂岩降幅仅为 10% ~ 20%。

3. 滑坡作用荷载

（1）滑块重力：为滑面以上滑体或滑块重量，方向垂直向下，作用点为滑块重心。

（2）滑体上的建（构）筑物重量：方向垂直向下，作用面为基础底面或桩底。地表房屋荷载一般按每层 15 kPa 计算。

（3）动水压力：当滑体内地下水已形成统一水面时，应计入动水压力和浮托力。动水压力作用点为滑块饱水面积形心，指向低水头方向，动水压力作用角度近似于计算滑块底面倾角和地下水面倾角的平均值。

（4）浮托力：一般按地下水面线以下滑块均采用浮重度考虑浮力作用，方向垂直于滑动面。

（5）承压水上浮力：当滑面水有承压水头时，应计及其引起的垂直于滑面的承压水上浮力。

（6）裂隙水引起的静水压力：岩质滑体内有贯通至滑面的充水裂隙时，应计入裂隙水对滑体的静水压力，作用于裂隙底以上裂隙水高度的1/3处，垂直于裂隙面。

（7）地震力：地震基本烈度≥7度（地震加速度≥0.1g）地区，应计入地震力，作用于各滑块重心处，水平指向下滑方向。

（8）动荷载：滑坡稳定性分析计算的荷载通常是上述一种或几种荷载组合。

4. 滑坡稳定系数计算

综合坡体结构类型，滑坡的常见破坏模式可概括为 3 种，即圆弧滑动、直线滑动、折线滑动。均质土、类均质土及碎裂结构岩质滑坡破坏模式为圆弧形或近似圆弧形，采用圆弧滑动法计算稳定系数，而其他坡体结构类型滑坡的破坏模式基本为直线形和折线形，且直线滑动是折线滑动的一种特例，因而直线滑动和折线滑动按折线滑动法计算稳定系数。

1）圆弧滑动法稳定系数计算

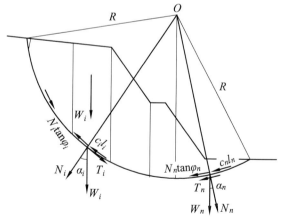

图 2-29　作用在计算剖面任一分条上的主要力系

图 2-29 为圆弧形滑动滑坡作用在计算剖面任一分条上的主要力系。对于圆弧形滑动滑坡，其整体稳定系数为作用于各分条上的抗滑力所产生的稳定力矩总和与下滑力所产生的滑动力矩总和之比。由此可得圆弧

形滑动滑坡的整体稳定系数为：

无反翘段时

$$F_{\mathrm{S}} = \frac{\sum\limits_{i=1}^{n}\left(N_i \tan\varphi_i + c_i l_i\right)\cdot R}{\sum\limits_{i=1}^{n}T_i \cdot R} = \frac{\sum\limits_{i=1}^{n}\left(N_i \tan\varphi_i + c_i l_i\right)}{\sum\limits_{i=1}^{n}T_i} \qquad (2\text{-}1)$$

有反翘段时，由于反翘段的性质为抗滑力，由其产生的力矩为稳定力矩，因而应放在分子上，则

$$F_{\mathrm{S}} = \frac{\sum\limits_{i=1}^{n}\left(N_i \tan\varphi_i + c_i l_i\right)\cdot R + T_n \cdot R}{\sum\limits_{i=1}^{n}T_i \cdot R} = \frac{\sum\limits_{i=1}^{n}\left(N_i \tan\varphi_i + c_i l_i\right) + T_n}{\sum\limits_{i=1}^{n}T_i} \qquad (2\text{-}2)$$

式中：F_{S}——稳定系数；

N_i——第 i 块滑动面的法向分力（kN/m）；

T_i——作用于第 i 块滑动面上的滑动分力（kN/m）；

T_n——作用于第 n 块滑动面上的切向分力（kN/m）；

R——滑弧半径（m）；

φ_i——第 i 块滑带土的内摩擦角（°）；

c_i——第 i 块滑带土的黏聚力（kPa）；

l_i——第 i 块滑动面的长度（m）。

2）折线滑动法稳定系数计算

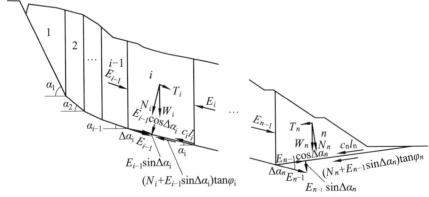

图 2-30　作用在计算剖面任一分条上的主要力系

图 2-30 为折线形滑动滑坡作用在计算剖面任一分条上的主要力系。在折线形滑动中，滑坡各分块全部的抗滑力与下滑力之比值为该分块的稳定系数，最末分块的稳定系数为该滑坡的整体稳定系数，但如果最末分块之前的滑体厚度较薄，尚应检算从滑体厚度较薄部位剪出的稳定性，与最末分块的稳定系数比较，取小者为该滑坡的整体稳定系数。特别要注意，稳定系数计算要在分析地质剖面的基础上，根据滑坡变形的性质、坡体结构特征建立正确的计算模型。折线滑动法稳定系数按以下公式计算：

无反翘段时，第 i 分块的稳定系数为

$$F_{Si} = \frac{(N_i + E_{i-1}\sin\Delta\alpha_i)\tan\varphi_i + c_i l_i}{T_i + E_{i-1}\cos\Delta\alpha_i} \qquad (2\text{-}3)$$

有反翘段时，由于反翘段 T_n 的性质为抗滑力，因而在计算反翘段分块的稳定系数时应将 T_n 放在分子上，则

$$F_{Sn} = \frac{(N_n + E_{n-1}\sin\Delta\alpha_n)\tan\varphi_n + c_n l_n + T_n}{E_{n-1}\cos\Delta\alpha_n} \qquad (2\text{-}4)$$

最末分块的 F_S 值即为整体稳定系数值。

式中：F_{Si}——第 i 滑块的稳定系数；

$\quad\quad F_{Sn}$——第 n 滑块的稳定系数；

$\quad\quad E_{i-1}$——第 i-1 块的剩余下滑力（kN/m）；

$\quad\quad E_{n-1}$——第 n-1 块的剩余下滑力（kN/m）；

$\quad\quad \Delta\alpha_i$——第 i-1 块与第 i 块滑动面倾角之差（°）；

$\quad\quad \Delta\alpha_n$——第 n-1 块与第 n 块滑动面倾角之差（°）；

$\quad\quad \varphi_n$——第 n 块滑带土的内摩擦角（°）；

$\quad\quad c_n$——第 n 块滑带土的黏聚力（kPa）；

$\quad\quad l_n$——第 n 块滑动面的长度（m）。

由构造面与后缘拉张裂隙形成的岩质滑坡，其稳定系数可用无反翘段时的折线滑动法公式计算，并计入后缘裂隙充水产生的静水压力及滑面浮托力。

3）稳定状态分级

《滑坡防治工程勘查规范》（GB/T 32864—2016）规定，滑坡稳定状

态可根据滑坡稳定系数进行划分，见表 2-17。

表 2-17　滑坡稳定状态划分

滑坡稳定系数 F_S	$F_S < 1.00$	$1.00 \leqslant F_S < 1.05$	$1.05 \leqslant F_S < 1.15$	$F_S \geqslant 1.15$
滑坡稳定状态	不稳定	欠稳定	基本稳定	稳定

　　根据滑坡滑动危害对象的重要性、破坏后果的严重性和治理的难易程度，给定滑坡的安全系数后，即可计算滑坡剩余推力，据此进行滑坡治理工程设计。

2.7.3　滑坡稳定性综合评价

　　滑坡稳定性综合评价是定性分析与评价和定量分析与评价的综合与统一，也就是将前述定性分析与评价结果和定量分析与评价结果进行相互核对与验证，使其得出一致的结论，此结论即为滑坡稳定性综合评价的结论。如果所得结论不一致，则要仔细检查工作中的失误和计算所采用参数的正确性，直到各自所得结果经相互核对与验证而得出的结论一致为止。

2.7.4　滑坡稳定影响因子敏感性分析

1. 滑坡稳定敏感性分析方法

　　敏感性分析是分析系统稳定的一种方法。对于滑坡系统，敏感性分析可转化为以滑坡稳定系数 F_S 为考察对象的单指标多因素的显著性分析。

　　单指标多因素的显著性分析线性模型如下：

$$Y = \beta_0 + \beta_1 X_1 + \cdots + \beta_i X_i + e \tag{2-5}$$

式中：β_0 ——常数项；

　　　β_i ——自变量；

　　　X_i ——回归系数；

　　　e ——随机误差，服从标准正态分布。

如果在模型中令某些因素的主效应或交互效应为零，而其余效应的最小二乘估计不受影响，即与在不假定上述效应为零时所得的估计一致。这保证对每个效应的估计不受其他效应的影响。则设计矩阵 X 必须满足如下条件：

$$S = X'X = \begin{bmatrix} S_{11} & 0 & 0 & 0 \\ 0 & S_{22} & 0 & 0 \\ 0 & 0 & 0 & 0 \\ 0 & 0 & 0 & S_{rr} \end{bmatrix} \quad (2\text{-}6)$$

式中：S_{11}、S_{22}、$\cdots$、S_{rr} 都是方阵，每一块相应于一组效应。

对于某个因素变量 X_i 对指标 Y 的显著性次序分析，不要求做定量结论，只要求辨明自变量 X_i 对因变量 Y 的显著性影响次序。因此无须求解式（2-5）中的回归系数，只需按式（2-6）对各影响因素进行试验设计。此时，正交试验可满足模型要求。

设 A、B、$\cdots$ 表示不同的因素；r 为各因素水平数；A_i 表示因素 A 的第 i 水平（$i=1,2,\cdots,r$）；X_{ij} 表示因素 j 的第 i 水平的值（$i=1,2,\cdots,r$；$j=A,B,\cdots$）。

在 X_{ij} 下进行试验得到因素 j 第 i 水平的试验结果指标 Y_{ij}，Y_{ij} 是服从正态分布的随机变量。在 X_{ij} 下做了 n 次试验得到 n 个试验结果，分别为 $Y_{ijk}(k=1,2,\cdots,n)$。有计算参数如下：

$$K_{ij} = \sum_{k=1}^{n} Y_{ijk} \quad (2\text{-}7)$$

式中：K_{ij}——因素 j 在 i 水平下的统计参数；

n——因素 j 在 i 水平下的试验次数；

Y_{ijk}——因素 j 在 i 水平下第 k 个试验结果指标值。

评价因素显著性的参数为极差 R_j，其计算公式如下：

$$R_j = \max\left\{K_{1j}, K_{2j}, \cdots, K_{rj}\right\} - \min\left\{K_{1j}, K_{2j}, \cdots, K_{rj}\right\} \quad (2\text{-}8)$$

极差越大说明该因素的水平改变对试验结果影响也越大。极差最大的因素也就是最主要的因素，极差较小的因素为较次要的因素，依此类推。

利用正交分析法可以解决以下几个问题：

（1）分清各因素对指标影响的主次顺序，即分清哪些是主要因素，哪些是次要因素；

（2）找出优化的设计方案，即考察的每个因素各取什么水平才能达到试验指标的要求；

（3）分析因素与指标间的关系，即当因素变化时指标是怎样变化的，找出指标随因素的变化规律和趋势。

2. 实例分析

某滑坡工程，在对其进行正交试验设计时，考虑的因素主要有黏聚力 c、内摩擦角 φ、重度 γ、地下水位 h_w、坡高 h 等 5 种参数。各影响因素分析均只考虑土体参数的自相关性，不考虑其互相关性影响。为了减少由于水平次序引起的系统误差，各因素水平的次序随机排列。参数取值范围和按抽签方式确定的因素水平次序如表 2-18 所示。

表 2-18　各参数取值范围及水平

水平	参　数				
	重度 γ/（kN/m³）	黏聚力 c/kPa	内摩擦角 φ/（°）	坡高 h/m	地下水位 h_w/m
1	16	57	12	53	8.7
2	18	43	21	55	13
3	20	29	30	57	17.3
4	22	15	39	59	26
参数范围	16～22	15～57	12～39	小于 60	8.7～26

★注：表中地下水位为水位线距坡面线的垂直距离。

选 5 因素正交表安排试验。对于 4 水平 5 因素正交试验，最少试验次数为 16 次，记为 $L_{16}(4^5)$。选用数理统计 $L_{16}(4^5)$ 正交表，按表 2-18 确定的试验方案，对滑坡进行以稳定系数为指标的多因素显著性计算分析。正交试验因素水平概化值及计算结果如表 2-19 所示。

表 2-19 正交试验计算结果

试验号	因素					稳定系数
	重度 γ/ (kN/m³)	黏聚力 c/kPa	内摩擦角 φ/(°)	坡高 h/m	地下水位 h_w/m	
1	16	57	12	53	8.7	0.650
2	16	43	21	55	13	0.854
3	16	29	30	57	17.3	1.086
4	16	15	39	59	26	1.365
5	18	57	21	57	26	1.070
6	18	43	12	59	17.3	0.622
7	18	29	39	53	13	1.326
8	18	15	30	55	8.7	0.807
9	20	57	30	59	13	1.077
10	20	43	39	57	8.7	1.154
11	20	29	12	55	26	0.566
12	20	15	21	53	17.3	0.707
13	22	57	39	55	17.3	1.620
14	22	43	30	53	26	1.261
15	22	29	21	59	8.7	0.586
16	22	15	12	57	13	0.363

对于因素 γ，它的第一水平（$\gamma=16$）下的 4 次计算（表 2-19 中试验号 1，2，3，4）求得的稳定系数之和 $K_{1j}=3.955$；第二水平（$\gamma=18$）下的 4 次计算（试验号 5，6，7，8）求得的稳定系数之和 $K_{2j}=3.825$；依此类推，如表 2-20。

表 2-20 不同重度值的稳定性系数

重度（水平 i）	稳定系数（K_{ij}）				稳定系数之和
γ_1	0.650	0.854	1.086	1.365	3.955
γ_2	1.070	0.622	1.326	0.807	3.825
γ_3	1.077	1.154	0.566	0.707	3.504
γ_4	1.620	1.261	0.586	0.363	3.830

对于因素 c，它的第一水平（$c=57$）下的 4 次计算（表 2-19 中试验号 1，5，9，13）求得的稳定系数之和 $K_{1j}=4.417$；第二水平（$c=43$）下的 4 次计算（试验号 2，6，10，14）求得的稳定系数之和 $K_{2j}=3.891$；依此类推，如表 2-21。

用同样的方法计算 φ、h、h_{w} 相应的稳定系数之和 K_{1j}、K_{2j}、K_{3j}、K_{4j}，如表 2-22、表 2-23、表 2-24。各参数的极差分析如表 2-25 所示。

表 2-21　不同黏聚力的稳定性系数

黏聚力（水平 i）	稳定系数（K_{ij}）				稳定系数之和
c_1	0.650	1.070	1.077	1.620	4.417
c_2	0.854	0.622	1.154	1.261	3.891
c_3	1.086	1.326	0.566	0.586	3.564
c_4	1.365	0.807	0.707	0.363	3.242

表 2-22　不同内摩擦角的稳定性系数

内摩擦角（水平 i）	稳定系数（K_{ij}）				稳定系数之和
φ_1	0.650	0.622	0.566	0.363	2.201
φ_2	0.854	1.070	0.707	0.586	3.217
φ_3	1.086	0.807	1.077	1.261	4.231
φ_4	1.365	1.326	1.154	1.620	5.465

表 2-23　不同坡高的稳定性系数

坡高（水平 i）	稳定系数（K_{ij}）				稳定系数之和
h_1	0.650	1.326	0.707	1.261	3.944
h_2	0.854	0.807	0.566	1.620	3.847
h_3	1.086	1.070	1.154	0.363	3.673
h_4	1.365	0.622	1.077	0.586	3.650

表 2-24　不同地下水位的稳定性系数

地下水位（水平 i）	稳定系数（K_{ij}）				稳定系数之和
$h_{\mathrm{w}1}$	0.650	0.807	1.154	0.586	3.197
$h_{\mathrm{w}2}$	0.854	1.326	1.077	0.363	3.620
$h_{\mathrm{w}3}$	1.086	0.622	0.707	1.620	4.035
$h_{\mathrm{w}4}$	1.365	1.070	0.566	1.261	4.262

表 2-25　各参数极差分析

参数	重度/（kN/m³）	黏聚力/kPa	内摩擦角/（°）	坡高/m	地下水位/m
K_{1j}	3.955	4.417	2.201	3.944	3.197
K_{2j}	3.825	3.891	3.217	3.847	3.620
K_{3j}	3.504	3.564	4.231	3.673	4.035
K_{4j}	3.830	3.242	5.465	3.650	4.262
R_j	0.451	1.175	3.264	0.294	1.065
敏感性	内摩擦角>黏聚力>地下水位>重度>坡高				

正交试验设计中各因素不同水平之间的搭配是均衡的，例如根据因素 γ 的 4 种不同水平分成的 4 组计算的每一组计算中，c、φ 等其他因素的不同水平皆出现一次。因此 γ 的 K_{1j}、K_{2j}、K_{3j}、K_{4j} 之间的差异可以认为主要是 γ 取不同水平造成的。同理，哪个因素的极差 R 大，就可以认为该因素水平不同对滑坡稳定性产生的影响就大，影响最大的因素即最敏感因素。从表 2-25 中的极差值可以看出，φ 是最敏感的因素，其他依次为 c、h_w、γ、h。

2.8　滑坡勘查成果报告主要内容及要求

2.8.1　勘查方案设计书

勘查单位在开展野外工作之前，应收集和分析滑坡区已有的地质资料，进行野外踏勘，了解滑坡体性状和勘查工作条件，根据任务书（或委托书）的有关规定认真编写勘查方案设计书，经业主单位或上级主管单位组织的技术评审合格后方可实施。勘查过程中可以根据具体情况适当变更勘查方案设计，重大变更应履行审批程序，业主单位批准后实施。

1. 勘查方案设计书基本文件组成

（1）勘查方案设计书文字文本；

（2）勘查方案设计书基本图件；

（3）勘查费用预算书；

（4）项目规模大的分册装订，其余的合订成册。

2. 勘查方案设计书主要内容

前言，包括任务由来、工作任务、前人研究程度、执行的主要技术标准、防治工程等级划分（危害对象）。

勘查区自然地理条件，包括地理位置与交通、气象、水文。

勘查区工程地质环境，包括地形地貌、地层岩性、地质构造与地震、水文地质条件、工程地质条件、人类工程活动。

滑坡概况，包括滑坡基本特征、滑坡发育史、滑坡变形特征、滑坡体物质组成及结构特征、滑坡稳定性分析、危害对象。

既有工程评述及治理方案设想，针对保护对象及现场实际情况提出初步设想和治理思路；对已有治理工程要有相应的描述与评价，必要时可布置一定的工作量揭示其结构特征。

勘查工作部署，包括勘查范围及内容、勘查工作布置原则。勘查工作布置应满足不同阶段勘查要求，且要有针对性。

勘查方法及技术要求，包括工程测量、工程地质测绘与工程地质剖面的测制、钻探技术要求、岩土水采样与试验主要技术要求、大重度试验、各类建筑材料调查、钻孔简易水文地质观测、资料收集、内业资料整理。

施工组织及进度计划，包括人员组织、设备组织、工期及进度计划。

安全保证措施，包括安全目标、安全施工措施。

预期成果。包括勘查报告及附图附件、治理工程可行性研究报告以及比选方案工程估算、治理工程初步设计及工程概算。

勘查工作经费预算，包括经费预算依据、经费预算。

附图，包括滑坡勘探点平面布置图、滑坡典型剖面图、滑坡钻孔、探槽、探井等典型勘探工程设计图。

3. 图件内容要求

1）勘探点平面布置图

（1）图名、图例、框线及框线坐标、正北标志、图签。

（2）比例尺：按实际比例尺出图的用数字比例尺，未按实际比例出图的用线条比例尺，出图比例尺要求与测图比例尺要求相同。

（3）地形地貌、地层代号、岩层产状、节理裂隙等。

（4）滑坡体特征、界线、变形等。

（5）勘探剖面及其编号、钻孔及坑槽探位置等。

（6）威胁对象、已有工程设施、拟设工程位置。

（7）各种内容应用不同的符号标示清楚，主体内容应用不同的颜色（颜色要求淡）标志。

2）典型剖面图

（1）图名、图例、图框、剖面方向、剖面编号（应与平面图编号对应一致）。

（2）比例尺：纵横比例尺一致，按实际比例尺出图的用数字比例尺，未按实际比例出图的用线条比例尺，出图比例尺要求原则上与平面图比例尺匹配。

（3）应清楚地表示出地形地貌、地层岩性、基岩强中风化界线、岩层产状等。

（4）滑动面或潜在滑动面。

（5）其他如钻孔、坑槽探、裂缝、威胁对象等表示与平面图一致。

（6）剖面图应有足够的长度表示所要求的内容。

3）典型勘探工程设计图

典型钻孔、竖井、探槽、平洞等勘探工程设计图。地层厚度及岩性描述、取样位置及要求、现场测试位置及要求、施工工艺及封闭（填埋）要求等。

4. 勘查方案设计书成册基本要求

（1）扉页相应人员签章签字；

（2）资质证书正本；

（3）内审意见、内审专家签到表及修改说明；

（4）评审意见、评审专家签到表及修改说明；

（5）设计书标题应与合同的项目名称一致。

2.8.2 可行性研究阶段勘查报告

勘查报告应资料完整、真实准确、数据无误、图表清晰、结论有据、建议合理、便于使用和适宜长期保存，并应因地制宜，重点突出，有明确的工程针对性。勘查报告的文字、术语、代号、符号、数字、计量单位、标点，均要符合国家有关标准的规定。

1. 勘查报告基本文件组成

（1）勘查报告文字文本；

（2）勘查报告基本图件；

（3）可行性研究阶段勘查费用决算书；

（4）项目规模大的分册装订，其余的合订成册。

2. 勘查报告主要内容

前言，包括任务由来、地质灾害概况及危害情况（地质复杂程度、危害程度等）、勘查目的及任务、勘查工作评述（前期工作评述、勘查依据、勘查时间、勘查范围、勘查工作量、勘查质量等）。

勘查区自然地理，包括勘查区地理位置、行政区划、准确地理坐标、交通状况、气象与水文、社会经济状况等。

勘查区地质环境条件，包括地形地貌、地层岩性、地质构造与地震、水文地质条件、不良地质现象、人类工程活动等。

滑坡基本特征，包括如下主要内容：

·滑坡地形地貌，包括微地貌单元与结构、地形坡度及变化等，突出地形地貌形成与滑坡之间的联系。

·滑坡空间形态：主要描述滑坡边界、滑面的形态、滑体厚度空间变化等。

·滑坡物质组成及结构特征：分别叙述滑体、滑带、滑床的岩土组成、结构构造特征，突出滑带的识别依据。

·滑坡水文地质条件：阐述滑体水文地质条件及地下水，即滑坡含水层、隔水层的位置、性质、厚度，岩土体的透水性，地下水径流流向、补给及排泄条件；滑坡地下水及其动态特征，注水试验等与岩土渗透性，地表地下水简分析与侵蚀性。

·滑坡岩土物理力学性质：滑体岩土物理力学性质（叙述滑体岩土物理力学试验的取样情况、试验方法、试验结果）、滑带土物理力学性质（叙述滑带土物理力学试验的取样情况、试验方法、试验结果）、滑床岩土物理力学性质（叙述滑床岩土物理力学试验的取样情况、试验方法、试验结果）、滑坡岩土物理力学参数建议值（在进行岩土试验参数统计、反分析及经验类比的基础上，提出参数建议值）。

滑坡稳定性分析评价，包括滑坡变形宏观分析（变形现象、影响因素、变形破坏的模式、稳定性判断及发展趋势等）、滑坡稳定性分析（计算模型、计算方法、计算工况、计算结果）、滑坡稳定性敏感因素分析、数值模拟分析（根据任务需要做）、滑坡稳定性综合评价。

滑坡发展变化趋势及危害性预测，包括发展变化趋势、危害性预测（成灾可能性、成灾条件、危害范围、居民人数、实物指标调查等）。

综合分析与建议，包括既有防治工程评述、滑坡岩土物理力学参数建议、治理措施建议（提出两种以上的治理方案）。

天然建筑材料调查与评价，应包括建筑材料的储量、材质、具体位置、开采条件、运输条件与距离、各类材料工程用量估算、各类材料运到工地的价格估算。

结语。

附图：《工程地质平面图册（1∶500～1∶2 000）》《工程地质剖面图册（1∶200～1∶1 000）》《钻孔柱状图册（1∶50～1∶200）》《井、槽、洞探成果素描图册（1∶50～1∶100）》。

附件：试验成果报告册（岩、土、水室内试验成果和原位试验成果）、稳定性计算结果、专门数值分析报告（根据需要做，必要时附计算程序）、物探成果报告、现场工作报告（含滑坡全貌、变形特征、岩芯等照片集）、监测报告、滑坡威胁人口及实物指标调查成果。

3. 图件内容要求

1）工程地质平面图

（1）图名、图例、框线及框线坐标、正北标志、图签。

（2）比例尺：按实际比例尺出图的用数字比例尺，未按实际比例出图的用线条比例尺，出图比例尺要求与测图比例尺要求相同。

（3）地形地貌、地层代号、岩层产状、节理裂隙等。

（4）滑坡体特征、界线、变形等。

（5）勘探剖面及其编号、钻孔及坑槽探位置等。

（6）威胁对象、已有工程设施、拟设工程位置。

（7）各种内容应用不同的符号标示清楚，主体内容应用不同的颜色（颜色要求淡）标志。

2）工程地质剖面图

（1）图名、图例、图框、剖面方向、剖面编号（应与平面图编号对应一致）。

（2）比例尺：纵横比例尺一致，按实际比例尺出图的用数字比例尺，未按实际比例出图的用线条比例尺，出图比例尺要求原则上与平面图比例尺匹配。

（3）应清楚地表示出地形地貌、地层岩性、基岩强中风化界线、岩层产状等。

（4）滑动面或潜在滑动面。

（5）其他如钻孔、坑槽探、裂缝、威胁对象等表示与平面图一致。

（6）剖面图应有足够的长度表示所要求的内容。

（7）钻孔柱状图按《岩土工程勘察报告编制标准》中要求的版本出图。

（8）探槽及探井：探槽"两壁一底"连接出图；探井按"四壁一底"连接出图。

2.8.3　初步设计阶段勘查报告

1. 勘查报告基本文件组成

（1）勘查报告文字文本。

（2）勘查报告基本图件。

（3）初步设计阶段勘查费用决算书。

（4）项目规模大的分册装订，其余的合订成册。

2. 勘查报告主要内容

前言，包括任务由来、地质灾害概况及危害情况（地质复杂程度、危害程度等）、可行性研究阶段工程地质勘查提出的主要问题和结论、勘查目的及任务、勘查工作评述（前期工作评述、勘查依据、勘查时间、勘查范围、勘查工作量、勘查质量等）。

勘查区自然地理，包括勘查区地理位置、行政区划、准确地理坐标、交通状况、气象与水文、社会经济状况等。

勘查区地质环境条件，包括地形地貌、地层岩性、地质构造与地震、水文地质条件、不良地质现象、人类工程活动等。

滑坡基本特征，包括如下主要内容：

·滑坡地形地貌，包括微地貌单元与结构、地形坡度及变化等，突出地形地貌形成与滑坡之间的联系。

·滑坡空间形态：主要描述滑坡边界、滑面的形态、滑体厚度空间变化等。

·滑坡物质组成及结构特征：分别叙述滑体、滑带、滑床的岩土组成、结构构造特征，突出滑带的识别依据。

·滑坡水文地质条件：滑坡地下水的补、径、排及动态特征、注水试验等与岩土渗透性，地表地下水简分析与侵蚀性。

·滑坡岩土物理力学性质：滑体岩土物理力学性质（叙述滑体岩土物理力学试验的取样情况、试验方法、试验结果）、滑带土物理力学性质（叙述滑带土物理力学试验的取样情况、试验方法、试验结果）、滑床岩土物理力学性质（叙述滑床岩土物理力学试验的取样情况、试验方法、试验结果）、滑坡岩土物理力学参数建议值（在进行岩土试验参数统计、反分析及经验类比的基础上，提出参数建议值）。

滑坡稳定性分析评价，包括滑坡变形宏观分析（变形现象、影响因素、变形破坏的模式、稳定性判断及发展趋势等）、滑坡稳定性分析（计算模型、计算方法、计算工况、计算结果）、滑坡稳定性敏感因素分析、数值模拟分析（根据任务需要做）、滑坡稳定性综合评价。

治理工程布置部位工程地质条件，重点阐述工程布置轴线及工程部位的水文地质和工程地质条件，包括地表水、地下水与滑坡水的水力联系、补给来源、补给方式，渗透系数、水的腐蚀性；滑体土、滑带土及滑床岩土的物理力学指标（含不同区段的 c、φ 值，以及在使用期内可能出现的最不利情况等）、滑床岩（土）水平承载力特征值及岩土体的地基系数等，以及存在的主要工程地质问题处理建议。

天然建筑材料调查与评价，应包括建筑材料的储量、材质、具体位置、开采条件、运输条件与距离、各类材料工程用量概算、各类材料运到工地的价格概算。

治理方案评价及建议，可行性研究阶段治理方案评价、治理方案优化建议、治理工程设计参数建议。

结语。

附图：《工程地质平面图册（1∶500~1∶2 000）》《工程地质剖面图册（1∶200~1∶1 000）》《钻孔柱状图册（1∶50~1∶200）》《井、槽、洞探成果素描图册（1∶50~1∶100）》。图件内容要求与可行性研究阶段勘查报告相同。

附件：试验成果报告册（岩、土、水室内试验成果和野外试验成果）、稳定性计算结果、专门数值分析报告（根据需要做，必要时附计算程序）、物探成果报告、现场工作报告（含照片集）、监测报告。

2.8.4　施工图设计阶段勘查报告

1. 勘查报告基本文件组成

（1）勘查报告文字文本。

（2）勘查报告基本图件。

（3）施工图设计阶段勘查费用决算书。

2. 勘查报告主要内容

前言，包括任务由来、地质灾害概况、初步设计阶段工程地质勘查主要结论及存在的问题、勘查目的及任务、勘查工作评述（勘查依据、勘查时间、勘查范围、勘查工作量、勘查质量等）。

勘查区自然地理，包括勘查区地理位置、行政区划、准确地理坐标、交通状况、气象与水文、社会经济状况等。

勘查区地质环境条件，包括地形地貌、地层岩性、地质构造与地震、水文地质条件、不良地质现象、人类工程活动等。

滑坡基本特征，包括如下主要内容：

·滑坡地形地貌，包括微地貌单元与结构、地形坡度及变化等，突出地形地貌形成与滑坡之间的联系。

·滑坡空间形态：主要描述滑坡边界、滑面的形态、滑体厚度空间变化等。

·滑坡物质组成及结构特征：分别叙述滑体、滑带、滑床的岩土组成、结构构造特征，突出滑带的识别依据。

·滑坡水文地质条件：滑坡地下水的补、径、排及动态特征、注水试验等与岩土渗透性，地表地下水简分析与侵蚀性。

·滑坡岩土物理力学性质：滑体岩土物理力学性质（叙述滑体岩土物理力学试验的取样情况、试验方法、试验结果）、滑带土物理力学性质（叙述滑带土物理力学试验的取样情况、试验方法、试验结果）、滑床岩土物理力学性质（叙述滑床岩土物理力学试验的取样情况、试验方法、试验结果）、滑坡岩土物理力学参数建议值（在进行岩土试验参数统计、反分析及经验类比的基础上，提出参数建议值）。

专门性工程地质问题、主要勘查方法及取得的主要成果。

专门性工程地质问题评价，包括地质宏观分析、计算分析、综合评价。

治理方案评价及建议，包括初步设计阶段治理方案评价、治理方案优化建议、治理工程设计参数建议。

结语。

附图：《专门性工程地质平面图》《专门性工程地质剖面图》《钻孔柱状图》《井、槽、洞探成果素描图》。图件内容要求与可行性研究阶段勘查报告相同。

附件：试验成果报告册（岩、土、水室内试验成果和野外试验成果）、计算结果、专门数值分析报告（根据需要做，必要时附计算程序）、物探成果报告、现场工作报告（含照片集）。

2.8.5　滑坡详细勘查（初设及施工图阶段勘查）报告

滑坡详细勘查是将初步设计和施工图设计阶段勘查合并。勘查报告主要内容如下：

前言，包括任务由来、地质灾害概况及危害情况（地质复杂程度、危害程度等）、勘查目的及任务、勘查工作评述（前期工作评述、勘查依据、勘查时间、勘查范围、勘查工作量、勘查质量等）。

勘查区自然地理，包括勘查区地理位置、行政区划、准确地理坐标、交通状况、气象与水文、社会经济状况等。

勘查区地质环境条件，包括地形地貌、地层岩性、地质构造与地震、水文地质条件、不良地质现象、人类工程活动等。

滑坡基本特征，包括如下主要内容：

·滑坡地形地貌，包括微地貌单元与结构、地形坡度及变化等，突出地形地貌形成与滑坡之间的联系。

·滑坡空间形态：主要描述滑坡边界、滑面的形态、滑体厚度空间变化等。

·滑坡物质组成及结构特征：分别叙述滑体、滑带、滑床的岩土组成、结构构造特征，突出滑带的识别依据。

·滑坡水文地质条件：阐述滑体水文地质条件及地下水，即滑坡含水层、隔水层的位置、性质、厚度，岩土体的透水性，地下水径流流向、补给及排泄条件；滑坡地下水及其动态特征，注水试验等与岩土渗透性，地表地下水简分析与侵蚀性。

·滑坡岩土物理力学性质：滑体岩土物理力学性质（叙述滑体岩土物理力学试验的取样情况、试验方法、试验结果）、滑带土物理力学性质（叙述滑带土物理力学试验的取样情况、试验方法、试验结果）、滑床岩土物理力学性质（叙述滑床岩土物理力学试验的取样情况、试验方法、试验结果）、滑坡岩土物理力学参数建议值（在进行岩土试验参数统计、反分析及经验类比的基础上，提出参数建议值）。

滑坡稳定性分析评价，包括滑坡变形宏观分析（变形现象、影响因素、变形破坏的模式、稳定性判断及发展趋势等）、滑坡稳定性分析（计算模型、计算方法、计算工况、计算结果）、滑坡稳定性敏感因素分析、数值模拟分析（根据任务需要做）、滑坡稳定性综合评价。

滑坡发展变化趋势及危害性预测，包括发展变化趋势、危害性预测（成灾可能性、成灾条件、危害范围、居民人数、实物指标调查等）。

既有防治工程评述及治理方案建议（提出两种以上的治理方案）。

治理工程布置部位工程地质条件，重点阐述工程布置轴线及工程部位的水文地质和工程地质条件，包括地表水、地下水与滑坡水的水力联系、补给来源、补给方式，渗透系数、水的腐蚀性；滑体土、滑带土及滑床岩土的物理力学指标（含不同区段的 c、φ 值，以及在使用期内可能出现的最不利情况等）、滑床岩（土）水平承载力特征值及岩土体的地基系数等，以及存在的主要工程地质问题处理建议。

天然建筑材料调查与评价，应包括建筑材料的储量、材质、具体位置、开采条件、运输条件与距离、各类材料工程用量概算、各类材料运到工地的价格概算。

结语。

附图：《工程地质平面图册（1∶500～1∶2 000）》《工程地质剖面图册（1∶200～1∶1 000）》《钻孔柱状图册（1∶50～1∶200）》《井、槽、洞探成果素描图册（1∶50～1∶100）》。图件内容要求与可行性研究阶段勘查报告相同。

附件：试验成果报告册（岩、土、水室内试验成果和野外试验成果）、稳定性计算结果、专门数值分析报告（根据需要做，必要时附计算程序）、物探成果报告、现场工作报告（含照片集）、监测报告、滑坡威胁人口及实物指标调查成果。

2.9　勘查期间的滑坡监测

滑坡治理工程勘查期间，如果存在明显变形迹象或定性评价稳定性差时均应进行监测，其目的是监测滑坡的变形及施工扰动的影响，保证勘查施工的安全，并为评价滑坡的稳定性提供监测数据。

勘查期监测应以地表变形（位移）监测为主。对于变形十分明显且速率较大的滑坡体，可结合勘查工程施工，利用钻孔、平洞、竖井对滑体及滑带等进行深部变形监测。当滑坡变形与地下水关系明显时，可利用勘探钻孔及泉水进行简易水文地质观测。

在勘查方案设计中应单列监测设计，针对滑坡的变形情况及扰动大的勘查工程（如平洞、竖井）的具体情况制定监测方案，其监测网点应尽可能为后期监测工作利用。

1. 监测内容

（1）地表变形监测、裂缝监测、建筑物变形监测、滑动面位移监测、地下水位、水量；布置平硐和竖井进行勘查的，宜进行硐（井）口位移、硐（井）内滑带位移、裂缝收敛变化、位移错动等内容的监测。

（2）进行人工巡视检查（由经验丰富的技术人员现场对地表裂缝、塌陷、泉水露头等各种变形迹象进行巡视检查、拍照和记录）。

（3）滑坡体前缘有河流经过的，还需监测河水位变化，同时收集当地降雨量资料。

2. 监测方法的选择

根据滑坡勘查期间的监测内容和现场条件，参照表 2-26 选择监测方法。

表 2-26　地质灾害部分常用监测方法一览表

序号	监测项目	监测内容	监测仪器	监测方法
1	地表绝对位移监测	地表水平位移、竖向位移	GNSS 法	各 GNSS 监测设备
			视准线法、小角法、极坐标法、交会法等监测水平位移；水准测量、三角高程测量等方法监测垂直位移	高精度全站仪、精密测距仪、精密水准仪
			光纤测量法	光纤传感器
			地面测斜法	倾角计
			雷达遥感干涉测量	InSAR 监测
			视频位移监测法	视频监测站
2	滑坡体内部位移监测	滑体深部位移变形、滑带处错动等	钻孔倾斜仪、位移计、多点位移计	便携仪表量测法、固定埋设仪表量测法。
3	裂缝相对位移监测	裂缝两侧相对张开、闭合、下沉、抬升或错动等	测缝计、位移计、收敛计、伸缩仪、游标卡尺、钢尺	简易量测法、机械或电子仪表量测法
4	泉点监测	泉水流量	矩形堰、T 形堰、V 形堰	测流堰观测法
5	地下水监测	地下水水位、水量、水温等	水位自动记录仪、监测盅、水温计	地下水监测钻孔

序号	监测项目	监测内容	监测仪器	监测方法
6	常规水文监测	与滑坡相关的河、库、溪水位等	水位标尺	有条件可搜集当地气象水文站资料；也可人工测读
7	常规气象监测	大气降水量、温度	雨量计、温度计	可搜集当地气象局观测资料；也可人工或自动记录量测

3. 监测网点的布设

应尽量利用勘查前已有监测点进行监测；勘查前没有监测点的，应在地质人员现场踏勘基础上，在滑坡体的变形控制部位、代表性部位和易变形敏感部位布设位移监测点。大型滑坡体地表位移监测宜布置三纵三横监测线共 9 个监测点，中型滑坡宜布置两纵三横监测线共 6 个监测点，小型滑坡可布置一纵监测线共 3 个监测点。

位移监测基准点应设置在滑坡体以外的稳定地质体上，并构成可以进行稳定性检测的简单网型；基准点还应满足对变形点进行位移监测的各种观测条件。

尽可能将位移监测点和地下水监测孔布置在与主滑方向重合的纵剖面上。利用勘探钻孔布置地下水位监测孔，利用平硐、探井进行滑体深部位移变形监测。

注重在滑坡体地表及其上建筑物出现的裂缝处多布设测点进行裂缝简易量测。

4. 监测周期及监测精度

监测周期：绝对位移监测周期一般为 7~15 d，变形速率增大或出现异常变化时，应缩短监测周期；地下水位变化、泉水流量、裂缝变化监测与人工巡视检查周期宜为 1~7 d，发现异常应随时加密监测和巡查。

绝对位移、主要裂缝变化等监测内容的首期监测值应在现场勘探工作开始前取得。监测精度应满足以下要求：

（1）水平和竖向位移监测误差应小于实际变形值的 1/5~1/10，一般应在毫米级。

（2）裂缝变化、深部位移监测误差一般应不大于 2 mm 或监测周期内平均变化量的 1/5。

5. 监测资料整理分析

每次监测均应有原始记录，并及时对监测数据进行分析，绘制时程曲线，并及时书面报送业主及勘查施工单位等有关各方；情况紧急时应作出临灾预报。

现场勘查工作结束后，提交勘查成果时应一并提交勘查阶段监测报告。监测报告除进行监测分析总结外，还应包括监测点位布置图、观测成果表、位移矢量图、各种变化时程曲线、监测仪器检定资料及其他必要的附图附件。

2.10 滑坡治理工程施工阶段的地质工作

滑坡治理工程施工阶段的工程地质工作应针对现场地质情况，及时提出改进施工方法的意见及处理措施，保障治理工程的施工符合实际工程地质条件，做到动态设计与信息化施工。

滑坡治理工程施工阶段的地质工作应包括下列主要内容：

（1）编录、测绘施工揭露的地质现象，特别是地质变异现象，检验、修正前期地质勘查资料和评价结论。

（2）提出对地质变异和不良地质问题的处理意见和建议。因重大地质变异和不良地质问题引起的设计变更，必要时进行专门性勘探和试验。

（3）针对可能出现的地质问题进行观测和预报。

（4）进行地基加固和不良工程地质问题处理措施的建议。

施工地质方法应采用观察、素描、实测、摄影、录像等手段编录和测绘施工揭露的地质现象，对滑体、滑床、滑带、软弱岩层、破碎带及软弱结构面可进行复核性岩土物理力学性质试验，可进行必要的变形监测或地下水观测。

CHAPTER

滑坡治理工程设计

滑坡治理工程设计，应在审查通过的详细工程地质勘查成果基础上进行，与社会、经济和环境的发展相适应，与当地城市规划、环境保护、土地利用相结合。

滑坡治理工程设计应取得如下资料：

（1）符合本设计阶段的地形资料（包括控制点的坐标和高程数据）、工程地质勘查报告及相应的岩、土试验的资料，天然材料的调查报告等。

（2）工程用地红线图。被保护对象和灾害影响地区的现有建（构）筑物分布图和规划图，必要时还应取得平面图、立面图、剖面图和基础图等。

（3）滑坡区的气象水文资料。

（4）主要建筑材料价格，灾害直接经济损失和间接经济损失等经济数据。

（5）条件相同的地质灾害防治工程经验。

（6）施工技术、设备性能、施工经验和施工条件等资料。

滑坡治理工程设计分为可行性方案设计、初步设计和施工图设计三个阶段。只有在前阶段设计批准后，方可进行下阶段设计。对于规模小、地质条件简单的滑坡，经主管部门同意后，可简化设计阶段。

（1）可行性方案设计：根据治理目标，在已审定的工程地质勘查报告基础上进行编制，对多种设计方案的技术、经济、社会和环境效益等进行论证，并作出工程估算。

（2）初步设计：对可行性方案设计推荐方案进行充分论证和试验，提出具体工程实现步骤和有关工程参数，进行结构设计，编制相应的报告及图件，进行工程概算。

（3）施工图设计：对初步设计确定的工程图进行细部设计，提出施工技术、施工组织和安全措施要求，编制工程施工图件及说明，进行工程预算。

3.1 滑坡治理工程方案的确定

3.1.1 滑坡治理工程设计原则

滑坡治理工程设计应遵循以下原则：

（1）滑坡治理工程方案应遵循安全可靠、技术可行、经济合理、环境友好的原则。

（2）治早治小的原则。一般滑坡滑带土强度都会随着变形的发展而逐渐减低，早治因滑带强度高，工程投资小、效益大。对于牵引式滑坡及渐进式破坏的滑坡尤其要治早治小。

（3）一次根治与分期整治相结合的原则。对于规模大且成因复杂的滑坡，可以采取一次根治与分期整治相结合的原则，分轻重缓急做出全面的治理规划；对于中小型滑坡，必须做到根治，不留后患。

（4）全面规划、统筹考虑的原则。要统筹考虑场地条件、材料来源、施工技术与方法、施工组织、弃土场、施工季节等对治理工程的影响，严格要求，保证质量。

（5）加强监测的原则。对于已经治理的工程，要加强监测工作，观察工程效果及其新的变化动向，正确判断滑坡的演变规律，避免恶化发展。对于被损坏的工程设施应及时进行修补，使其始终处于完好状态。

3.1.2　滑坡治理工程设计方案的确定

1. 设计条件分析

滑坡治理工程设计条件包括设计参数、场地条件、材料需求、社会条件等。

（1）设计参数：包括滑坡基本特征及变形特征、岩土体物理力学参数、滑坡稳定性及剩余推力计算结果、气象水文参数等。设计参数基本都包含在勘查报告中，要求对勘查报告要有全面深入的分析研判。

（2）场地条件：包括拟设工程区、滑坡及其周边区域的工程地质条件、水文地质条件、交通条件、水电条件等，分析研判施工临时工程的摆放位置。

（3）材料需求：调研工程区及其周边区域水泥、砂石、钢筋等材料的厂址、运输距离、出厂及到工地的材料单价、二次转运价格等。

（4）社会条件：调研滑坡威胁对象及财产损失，调研工程区周边居民对滑坡治理工程的支持情况或意愿，主要包括对征地的支持情况，对复垦复耕的要求，对施工期噪声、空气及环境污染的整治要求等。

2. 滑坡治理工程设计方案拟定与综合论证

对滑坡设计条件进行充分了解后，就可以根据滑坡变形特征、工程地质条件与保护对象等，初步拟定滑坡治理工程设计方案。一般滑坡治理工程设计在治理思路、方案组成、工程类型等方面可供比选的方案不应少于两个。

（1）抗滑支挡工程：抗滑挡土墙、抗滑桩、抗滑键、抗滑明洞、桩基托梁挡墙、片石垛、微型桩等。

（2）抗滑锚固工程：预应力锚索、预应力精轧钢筋、钢锚管、锚杆、格构锚固等。

（3）地表截排水工程：截水沟、排水沟、疏通天然沟、沟河改道、渠塘防渗等。

（4）地下截排水工程：盲沟、渗沟、排水隧洞、仰斜排水孔、垂直抽水孔与井群。

（5）减载与反压：后部削方减载、前缘或抗滑段回填反压。

（6）化学加固：注浆加固、石灰砂桩、旋喷桩、滑面换填。

（7）复合结构：抗滑挡土墙+锚杆的锚杆挡土墙、挡土墙+抗滑桩的抗滑桩板墙、抗滑桩+预应力锚索的锚拉桩、挡土墙+渗沟的支撑渗沟等。

滑坡治理工程方案应有针对性地选择多项工程措施组合成治理工程综合方案，一般是抗滑支挡或锚固工程+截排水工程，有条件时辅以生物工程。

在滑坡治理工程设计中要优选合适的主体工程。

对常见的牵引或推移式滑坡，多以抗滑支挡工程、抗滑锚固工程为主体工程，其中小型滑坡多用抗滑挡土墙，中型滑坡多用抗滑桩，大型滑坡多用预应力锚索与锚拉桩。对河流及水库区滑坡，多用地下排水隧洞为主体工程。对威胁线性工程的滑坡，多选用抗滑明洞为主体工程。对堆填土滑坡，较低的多用加筋土挡墙或桩板墙为主体工程，较高的多在桩板墙以上回填加筋土或锚固，也可对坡体采用石灰砂桩加固。对滑坡的应急治理，微型钢管桩、回填反压因工效高而多被采用，但其难达永久稳定的效果，故应及时跟进后续的治理工程。

一般地，抗滑挡土墙用于支挡小于 300 kN/m 的推力较小的滑坡，抗滑桩与预应力锚索用于加固推力较大的滑坡。抗滑桩多用于滑体较薄的滑坡，预应力锚索多用于滑体较厚的滑坡，锚索桩多用于推力过大或桩长过长的滑坡，桩板墙多用于桩间土不稳定或要回填土的滑坡。

预应力锚索是主动加固，抗滑桩是被动支挡。预应力锚索适合于允许变形较小的工程结构，抗滑桩适合于允许变形较大的工程结构。岩质滑坡多采用预应力锚索加固，土质滑坡则采用抗滑桩加固效果更好。预应力锚索是地面作业，较安全，且能在高陡坡体上施工，但要有运输机械条件；抗滑桩多采用人工在地下开挖与作业，有风险。

在红层地区多砂泥岩互层岩体顺软弱泥岩夹层滑坡，如构成滑带的泥岩夹层较薄且剪出口明显，则可用抗滑键支挡滑坡。

3.2 滑坡治理工程动态设计与信息化施工

鉴于工程地质发展水平及治理经验的不足，在滑坡稳定性评价及治理措施上，有许多问题尚待解决。如有的工程技术人员因稳定性评价或计算方法不合理或力学参数选择不当，使本不该治理或仅需简单的支挡加固措施就能保持稳定的滑坡，得到了高额造价的工程加固；有的因对地质原型认识不清或方案选择失误，造成了滑坡治理失败；更值得提出的是：在治理方案设计上，很多单位和设计人员，没有进行方案比较、方案论证、方案优化，设计方案不是最优方案，造成了很大的不必要的浪费。对这些问题应引起足够重视，应大力提倡优化设计，开展信息化施工，进行动态设计、设计反馈，把滑坡治理工程提高到一个新的高度。

在滑坡治理工程中，设计是核心，监测是手段，施工是保证。

滑坡治理工程设计方案的选择是个最优决策问题。受技术、经济、地质条件、施工条件、工程目的等因素的制约，应首先根据地质条件、施工条件、工程目的等因素设计几种方案，并给出各方案的经济、技术指标。在设计过程中，要特别重视因素敏感性分析，以便抓住滑坡主要控制因素，有的放矢地重点治理。如通过敏感性分析发现水是主要诱发因素，则在治理方案设计时，应重点放在对水的治理上。此外，通过勘查确定突破性关键部位也是很重要的，这样可使治理方案更具针对性，降低工程造价。

监测系统的设计原则包括：①"3R"原则，即精度、坚固性、可靠性；②多层次监测原则；③重点监测关键区的原则；④方便实用原则；⑤经济合理原则。

信息化施工技术包括：

（1）信息采集：信息采集系统是通过设置于加固结构体系及与其相互作用的岩土体和相邻建筑物中（或周围环境）的监测系统进行工作的，以便获取如下信息：①加固结构的变形；②加固结构的内力；③岩土体变形；④锚索锚杆变形与应力；⑤相邻建筑变形。

（2）信息处理与反馈：采集到的数据应及时进行初步整理，并清绘各种测试曲线以便随时分析与掌握加固结构的工作状态，对测试失误原因进行分析，及时改进与修正。信息的反馈主要通过计算机，输入初步整理的数据，用预测程序进行系统分析。根据处理过的信息，定期发布监测简报，若发现异常现象预示潜在危险时应发布应急预报，并应迅速通报设计施工部门进行研究，对出现的各种情况作出决策，采取有效的措施，并不断完善与优化下一步设计与施工。

（3）信息化施工，包括：①对加固结构体系设计方案全过程进行反演和过程优化；②预测各因素对加固体系的影响及其权重和后果分析；③作出施工方案可行性和可靠性评估；④随施工过程作出风险评估和失控分析；⑤提供决策依据，并提出采取的措施。

滑坡治理工程动态设计和信息化施工两者是相辅相成的，只有将二者紧密结合，才能更好地指导施工，减少设计的局限性和施工的盲目性。

3.3 常用应急治理工程设计要点

卸载或反压是滑坡治理中起效最快、工程费用最低的治理措施。卸载可以有效减小滑坡的下滑力，反压可以有效增大滑坡的抗滑力，从而提高滑坡的稳定性。尤其是在滑坡应急治理时，具有良好的独到优势，可以使正在发生滑动变形的滑坡变形速率减慢，甚至暂时趋于稳定状态，为滑坡抗滑桩等永久治理工程的设计和施工赢得时间。如果在有条件的滑坡治理中，如能同时采用卸载+反压工程措施，就更能起到事半功倍的效果。

1. 卸载

卸载工程如图 3-1 所示，设计要点如下：

（1）滑坡卸载不应牵引后部或两侧坡体的失稳，防止滑坡规模的人为扩大，必要时可采用一定的工程（锚杆、格构等）对卸载开挖临空面进行及时的加固或预加固。

（2）卸载工程一般应用于滑坡的中、后部，目的是有效减小滑坡的下滑力。对于典型滑坡来说，滑坡后部与中部的滑面往往相对较陡，合理的卸载可有效减小滑坡的下滑力。

（3）根据工程经验，卸载的方量一般占滑坡总方量的 1/7~1/10。

（4）卸载的岩土体不能堆置在滑坡的主滑段，应尽量堆填于滑坡前缘，以便起到反压的作用。

（5）对于后部堆载导致的推移式滑坡应首选卸载工程；牵引式滑坡或滑带土具有卸载膨胀性质的滑坡，不宜采用卸载工程。

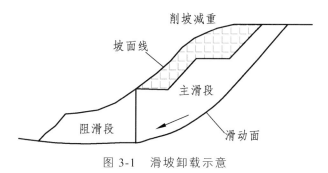

图 3-1　滑坡卸载示意

2. 反压

反压工程如图 3-2 所示，设计要点如下：

（1）反压体应具有良好的截排水工程，确保自身稳定和不引起被反压体水文地质的过大变化，这是富水地段进行工程反压时首要考虑的问题。

（2）反压体应具有一定的高度。这不但是反压体所具有的土压力需求，也是防止滑坡从反压体顶部发生"越顶"的需要。

（3）反压体应具有一定的宽度。只有确保一定的宽度，才能确保土压力或反压体抗力的有效性。一般情况下，反压体的顶宽不宜小于5 m。

（4）反压体应具有一定的压实度。只有确保一定的压实度，才能确保反压体能快速提供有效抗力。一般情况下，反压体的压实度不宜小于0.85。

（5）反压体与被反压体之间应具有一定的比例。一般情况下，反压体是被反压体体积的1/7~1/10。

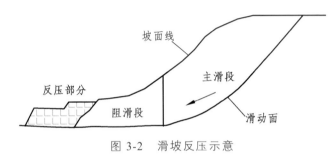

图 3-2　滑坡反压示意

常用应急治理工程除卸载、反压外，还包括截排水工程，如后缘截水沟、仰斜排水孔等，其设计要点见第 3.4 节。

3.4　常用永久治理工程设计要点

3.4.1　重力式抗滑挡土墙

1. 作用于抗滑挡土墙的力系分析

（1）作用于抗滑挡土墙的力系有：主要力系、附加力系和特殊力系。

主要力系是指经常作用于挡土墙的各种力，如图 3-3 所示，包括挡土墙自重 W 及位于墙上的衡载、墙后滑体及变形体的推力 E_i、墙后土体的主动土压力 E_a、墙前土体的被动土压力 E_p、基底的法向反力 N 及摩擦力 T。对浸水挡土墙而言，其主要力系尚应包括常水位时的静水压力和浮力。墙前被动土压力一般忽略不计。

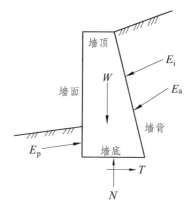

图 3-3 抗滑挡土墙的作用力系

附加力是季节性作用于挡土墙的各种力，如洪水时的静水压力、浮力、动水压力、波浪冲击力及冻胀力等。

特殊力是指偶然出现的力，如地震力、施工荷载等。

在一般地区，挡土墙设计仅考虑主要力系，而浸水地区还应考虑附加力，而在地震区应考虑地震对挡土墙的影响。各种力的组合，应根据挡土墙所处的具体条件，按最不利的组合作为设计依据。

（2）主动土压力 E_a 和被动土压力 E_p 的计算是一个十分复杂的问题，它涉及墙身、填土与地基三者之间的共同作用。计算土压力的理论和方法很多，由于库仑理论概念清晰，计算简单，适用范围较广，因此库仑理论和公式是目前应用最广的土压力计算方法，可参见土力学的专著。滑坡推力的计算见滑坡稳定性定量分析与评价章节（第 2.7 节）。

在抗滑挡土墙设计时，取挡土墙所在位置的滑坡推力 E_i 作为设计推力；若挡土墙在滑坡前缘，则 E_i 为滑坡体的总的剩余下滑力；土压力作为验算使用。

2. 重力式抗滑挡土墙截面形式与尺寸的确定

重力式抗滑挡土墙的基本截面形式为直角梯形，为满足抗滑或抗倾覆的需求在直角梯形的基础上增加或变化结构；截面尺寸一般按试算法确定，可结合工程地质、岩土体性质、墙身材料和施工条件等方面的情况按经验初步拟定截面尺寸，通过满足挡土墙的抗滑移要求确定挡土墙的总垆工量，再进行细部尺寸调整，以满足挡土墙的抗倾覆要求；如不满足要求，则应修改截面尺寸或采取其他措施，直到满足为止。

挡土墙梯形截面的结构参数有墙高、埋深、顶宽与底宽、面坡与背坡。

墙高以 0.5 m 为单位设计，墙顶与坡顶平齐或略高于坡面。根据地面高程或临空面高度的变化，分段设为不同的墙高，不同高度的墙顶应逐段渐变，不形成台阶状。

挡土墙基础埋深一般取 0.5~1.0 m，不超过 1.5 m，但对于有冲刷要求的河堤段应大于河流最小冲刷深度；不同埋深段的墙底应逐段渐变，不形成台阶状。

挡土墙顶宽一般不小于 0.5 m，据面坡与背坡坡率及墙高计算底宽。重力式挡土墙以墙身自重抗滑，抗滑力与墙截面面积相关。挡土墙不同宽度段的墙面应一致。

挡土墙面坡的坡率一般为 1∶0.2~1∶0.35，背坡直立，也可适当俯斜或仰斜（1∶0.05~1∶0.2），俯斜不宜过缓，以免造成土压力增大甚至形成第二破裂面。

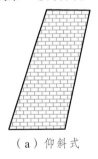 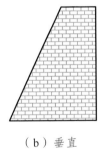 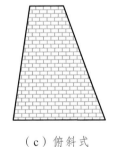

（a）仰斜式　　　　　（b）垂直　　　　　（c）俯斜式

图 3-4　挡土墙的结构示意

3. 重力式抗滑挡土墙的验算

抗滑挡土墙设计必须满足其强度和稳定性要求，以承受土体侧压力和滑坡推力。一般重力式抗滑挡土墙可能产生的破坏有滑移、倾覆、不均匀沉降和墙身断裂等，因此设计时应验算挡土墙在组合力系下的抗滑和抗倾覆稳定性、基底应力及地基强度、墙身截面强度。若地基有下卧层时，还应验算沿基底下某一可能滑动面的抗滑稳定性。

4. 提高挡土墙稳定性的措施

（1）提高抗倾覆稳定性的措施。

为减少基底压应力，提高抗倾覆的稳定性，可以在墙趾处伸出一台阶，以拓宽基底，增大稳定力臂；另外可以改变墙背或墙面的坡度，以减小土压力或增大力臂。

（2）提高抗滑稳定性的措施。

重力式抗滑挡土墙的墙基一般做成倒坡或台阶形，或增设凸榫。此外，为避免因地基不均匀沉降而引起墙身开裂，应根据地质条件及墙高的变化，相应地在墙身断面设置宽约 2 cm 的伸缩缝，缝内沿墙的内、外、顶三边填塞沥青木板或沥青麻筋，深度不小于 20 cm。

（3）挡土墙的排水处理措施。

挡土墙的排水处理是否得当，直接影响到挡土墙的安全及使用效果。挡土墙的排水设施通常有地面排水和墙身排水两部分组成。

地面排水可设置地面排水沟，引排地面水；夯实回填斜坡表面松土，防止雨水和地面水下渗；也可以墙体为内壁在墙前修建排水沟。

墙身排水主要是为了迅速排除墙后积水，设置墙背反滤层与墙身泄水孔。反滤层采用透水性好的砂卵石，厚度不小于 30 cm，深至最下一排泄水孔底即可，顶面、底面设黏土隔水层，顶部隔水层厚 50 cm 且外倾5%排水。泄水孔间距 2~3 m 上下左右交错布置，最下一排泄水孔距侧沟水面或墙前地面不小于 30 cm，孔径 5~10 cm，外倾不小于 4%。

3.4.2　抗滑桩

1. 设计要求

（1）整个滑坡体应具有足够的稳定性，即安全系数满足设计要求，保证滑体不越过桩顶，不从桩间挤出。

（2）保证桩周的地基抗力和滑坡的变形控制在容许范围内。

（3）桩身要有足够的强度和稳定性。配筋合理，满足桩的内应力和变形的要求。

（4）抗滑桩的间距、尺寸、埋深等较适当，保证安全，方便施工，节约成本。

2. 设计要点

1）抗滑桩的布置

抗滑桩一般宜布置在滑坡的前部，这是因为前部滑动面较缓，下滑力较小。桩一般布置一排，布置方向与滑动方向垂直或近于垂直；对于大型、复杂或纵向较长、下滑力较大的滑坡，可布置两排或三排；当下滑力特别大时，可采用梅花形交错布置。

2）抗滑桩截面尺寸

一般情况下抗滑桩的长宽比为 1.5：1 为宜，且对于人工开挖的抗滑桩，其边长不宜小于 1.25 m，以利于工程施做。

一般情况下，抗滑桩布设时其长轴方向与滑坡的主滑方向平行，以获得更大的结构抗弯和抗剪能力。当抗滑桩的桩前承载力不足时，可加大抗滑桩的宽度以提高其锚固力，甚至有时造成垂直于主滑方向的抗滑桩宽度超过平行于主滑方向抗滑桩长度的情况。

3）抗滑桩间距

抗滑桩的桩间距主要由滑坡的下滑力、单桩抗滑能力、滑体与桩体的土拱效应等共同决定，一般情况下桩间距为 5~10 m。一般情况下，当滑体完整、密实或滑坡下滑力较小，桩间距可取大些；反之，应取小些。通常滑坡主轴附近桩间距小，两侧桩间距大。

此外，也可按桩身抗剪强度来确定桩间距，方法如下：

抗滑桩属受弯构件，其弯矩与滑坡推力、桩前滑体抗力、滑床抗力及配筋等多因素有关。其最大抗滑承载力用弯矩来确定相对较复杂，因此，可利用抗滑桩斜截面的受剪承载力来确定其最大抗滑承载力。

抗滑桩截面通常为矩形，根据《混凝土结构设计规范（2015 年版）》（GB 50010—2010）的规定，矩形截面受弯构件的受剪截面应符合下列条件：

当 $h_0/b \leqslant 4$ 时，

$$Q \leqslant 0.25\beta_c f_c b h_0 \qquad (3-1)$$

式中：Q——构件斜截面上的最大剪力设计值（N）；

β_c——混凝土强度影响系数:混凝土强度等级不超过 C50 时,取 1.0;

f_c——混凝土轴心抗压强度设计值（N/mm²），取值见表 3-1;

b——矩形截面垂直滑坡主滑方向的宽度（mm）;

h_0——矩形截面平行滑坡主滑方向的有效高度（mm），通常取矩形截面平形滑坡主滑方向的高度 h 与混凝土保护层厚度 c 的差值。

表 3-1　混凝土轴心抗压强度设计值　　　　　　单位：N/mm²

强度	混凝土强度等级							
	C15	C20	C25	C30	C35	C40	C45	C50
f_c	7.2	9.6	11.9	14.3	16.7	19.1	21.1	23.1

　　根据滑坡推力大小和分布形式、地形及地层性质，拟定抗滑桩的截面尺寸，并计算最大剪力及其部位。在最大剪力值满足式（3-1）的条件下，就可以利用以下方法计算抗滑桩斜截面的受剪承载力：

　　仅配置箍筋的矩形截面受弯构件，其斜截面受剪承载力应符合：

$$Q \leqslant 0.7 f_t b h_0 + f_{yv} \frac{A_{sv}}{s} h_0 \qquad （3-2）$$

式中：f_t——混凝土轴心抗拉强度设计值（N/mm²），取值见表 3-2;

　　　　f_{yv}——箍筋的抗拉强度设计值（N/mm²），取值见表 3-3;

　　　　A_{sv}——配置在同一截面内箍筋各肢的全部截面面积（mm²）;

　　　　s——沿构件长度方向的箍筋间距（mm）。

表 3-2　混凝土轴心抗拉强度设计值　　　　　　单位：N/mm²

强度	混凝土强度等级							
	C15	C20	C25	C30	C35	C40	C45	C50
f_t	0.91	1.10	1.27	1.43	1.57	1.71	1.80	1.89

表 3-3　普通钢筋抗拉强度设计值　　　　　　单位：N/mm²

牌　号	抗拉强度设计值
HPB300	270
HRB335	300
HRB400、HRBF400、RRB400	360
HRB500、HRBF500	435

　　式（3-2）取等号时，即为抗滑桩的最大抗滑承载力。根据式（3-2）确定的抗滑桩最大抗滑承载力，结合传递系数法计算的滑坡拟设桩处的

剩余推力，可以确定抗滑桩的最大桩间距，即

$$S = \frac{Q}{P_i} \qquad (3\text{-}3)$$

式中：S——抗滑桩中至中的最大间距（m）；

　　　P_i——滑坡拟设桩处的剩余推力（kN/m）。

将式（3-2）取等号，代入式（3-3），可得仅配置箍筋时，抗滑桩的最大桩间距为

$$S = \frac{0.7 f_t b h_0 + f_{yv} \dfrac{A_{sv}}{s} h_0}{P_i} \qquad (3\text{-}4)$$

通过上述分析可以看出，抗滑桩的设计参数确定后，其斜截面受剪承载力即为定值，最大桩间距与拟设桩处的剩余推力成反比，剩余推力越大，桩间距越小，反之亦然。

4）抗滑桩的锚固段

桩体的锚固段应保证能够提供足够的抵抗力，主要依据抗滑桩的抗滑能力、滑床的岩土体性质等共同决定。实际设计时，要求抗滑桩传递到滑动面以下地层的侧壁压力不大于地层的侧向容许抗压强度，但锚固长度过大，锚固力也不再显著增加。

一般情况下，对于普通抗滑桩的锚固段为全桩长的 1/2~1/3，视锚固条件而异。

对于陡坡地段，为确保抗滑桩锚固段的有效性，一般情况下要求将水平距离 5~10 m 的滑床以下岩土体抗力不予计入桩体的锚固长度段。可将抗滑桩锚固段划分为无抗力锚固段、无效锚固段和有效锚固段，如图3-5 所示，并按下列方法定量计算其锚固段长度：

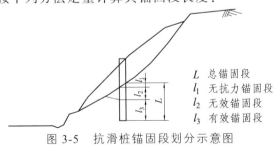

图 3-5　抗滑桩锚固段划分示意图

（1）抗滑桩无抗力锚固段长度。

无抗力锚固段：桩背在滑面以下，桩前位于滑面处，既不承受滑坡推力也不承受桩前滑面以下岩体的抗力。

无抗力锚固段在陡倾滑面堆积层滑坡抗滑桩设计中是不容忽视的，也很容易求得（见图 3-6），公式为

$$l_1 = h\tan\alpha \qquad (3-5)$$

式中：l_1——无抗力锚固段长度（m）；

h——抗滑桩的截面高度（m）；

α——设桩位置滑面倾角（°）。

（2）抗滑桩无效锚固段长度。

无效锚固段：位于滑面以下，桩前滑床岩体为三角形，其所承受的压力超过侧向容许应力值而发生塑性或脆性破坏，不能为抗滑桩提供有效抗力。

假定锚固段岩体无裂隙、岩体抗力沿桩身均匀分布、滑床楔形破坏区主破裂面为平面。抗滑桩无效锚固段长度的计算简图如图 3-6 所示。

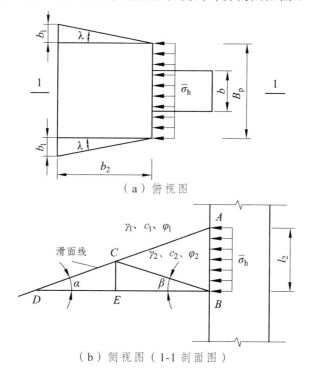

（a）俯视图

（b）侧视图（1-1 剖面图）

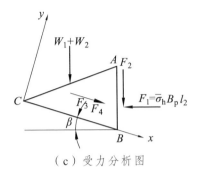

（c）受力分析图

图 3-6　抗滑桩无效锚固段长度计算简图

图中：l_2——无效锚固段长度（m）；

　　　$\overline{\sigma}_h$——作用于楔形破坏区的水平向压应力平均值（kPa），

　　　　　在极限平衡状态下为岩体横向容许承载力；

　　　b——抗滑桩的宽度（m）；

　　　B_p——抗滑桩的计算宽度（m）；

　　　λ——扩散角（°）；

　　　β——锚固段岩体破裂面与水平面的夹角（°）；

　　　γ_1——滑体土的重度（kN/m^3）；

　　　c_1——滑体土的黏聚力（kPa）；

　　　φ_1——滑体土的内摩擦角（°）；

　　　γ_2——滑床岩体的重度（kN/m^3）；

　　　c_2——滑床岩体的黏聚力（kPa）；

　　　φ_2——滑床岩体的内摩擦角（°）；

　　　δ——桩身与桩周岩土间的摩擦角（°）；

　　　W_1——楔形破坏区上部滑体土的重量（kN）；

　　　W_2——楔形破坏区自身岩体的重量（kN）；

　　　F_1——桩身作用在楔形破坏区的横向压应力（kN），$F_1 = \overline{\sigma}_h B_p l_2$；

　　　F_2——桩身作用在楔形破坏区上的摩阻力（kN），$F_2 = \overline{\sigma}_h B_p l_2 \tan\delta$；

　　　F_3——楔形破坏区左侧破坏立面的黏聚力（kN）；

　　　F_4——楔形破坏区右侧破坏立面的黏聚力（kN）；

　　　F_5——楔形破坏区主破裂面的黏聚力（kN）。

图 3-6（a）中

$$b_1 = b_2 \tan \lambda = \frac{l_2 \cos \beta \tan \lambda}{\sin(\alpha + \beta)} \tag{3-6}$$

图 3-6（b）中，在 $\triangle ABC$ 中由正弦定理可得

$$S_{\triangle ABC} = \frac{1}{2} \overline{AB} \ \overline{BC} \sin\left(\frac{\pi}{2} - \beta\right) = \frac{l_2^2 \cos\alpha\cos\beta}{2\sin(\alpha + \beta)} \tag{3-7}$$

楔形破坏区平面破坏面的面积为

$$S_1 = \frac{1}{2}\left[B_p + \left(B_p + 2b_1\right)\right]b_2 = \frac{l_2\cos\beta(b+1)}{\sin(\alpha + \beta)} + \frac{l_2^2\cos^2\beta\tan\lambda}{\sin^2(\alpha + \beta)} \tag{3-8}$$

楔形破坏区两侧立面破坏面的面积为

$$S_2 = S_{\triangle ABC}/\cos\lambda = \frac{l_2^2\cos\alpha\cos\beta}{2\sin(\alpha + \beta)\cos\lambda} \tag{3-9}$$

对楔形破坏区进行受力分析如图 3-6（c）所示。楔形破坏区受到的作用力有破坏区上部滑体的重力 W_1、楔形破坏区自身的重力 W_2、桩身作用在楔形破坏区的横向压应力 F_1、桩身作用在楔形破坏区上的摩阻力 F_2，以及楔形破坏区两侧破坏立面的黏聚力 F_3、F_4 和主破裂面的黏聚力 F_5。

当楔形破坏区处于极限平衡状态时，由水平方向力的平衡，可得

$$\frac{c_2\cos^3\beta\tan\lambda}{\sin^2(\alpha + \beta)}l_2^2 + \frac{c_2\cos\alpha\cos^2\beta}{\sin(\alpha + \beta)\cos\lambda}l_2^2 +$$

$$\overline{\sigma}_h(b+1)\tan\delta\sin\beta\cos\beta l_2 - \overline{\sigma}_h(b+1)\cos^2\beta l_2 +$$

$$\frac{c_2(b+1)\cos^2\beta}{\sin(\alpha + \beta)}l_2 + \left(W_1 + W_2\right)\sin\beta\cos\beta = 0 \tag{3-10}$$

即为抗滑桩无效锚固段长度 l_2 的计算公式，其为关于 l_2 的一元二次方程，具有非零解析解。实际工程中为简化计算，可不计滑床楔形破坏

区以上滑体的重力 W_1、楔形破坏区自身的重力 W_2，计算结果将偏于保守。

（3）抗滑桩有效锚固段长度。

有效锚固段：桩前滑床岩体满足半无限体的条件，其所承受的压力不超过侧向容许应力值，能够为抗滑桩提供有效抗力。

抗滑桩有效锚固段长度 l_3 的计算方法主要从控制锚固段桩周地层的强度来考虑，即要求抗滑桩传递到滑面以下稳定地层的侧壁压应力不大于地层的侧向容许抗压强度。当抗滑桩为矩形截面时，比较完整的岩质、半岩质地层，桩身作用于滑床岩体的水平向压应力容许值 σ_{max} 可按式（3-11）计算。

$$\sigma_{max} \leqslant K_H \eta f_{rk} \tag{3-11}$$

式中：K_H——水平方向的换算系数，根据岩层构造可取 0.5~1.0；

η——折减系数，根据岩层的裂缝、风化及软化程度可取 0.3~0.5；

f_{rk}——岩石天然单轴极限抗压强度的标准值（kPa）。

通过计算，若桩身作用于滑床岩体的水平向压应力超过其容许值或小于容许值过多，则应调整桩的埋深或截面尺寸，重新计算，直到符合要求为止。

（4）抗滑桩总锚固段长度的确定。

抗滑桩总锚固段长度 L 为无抗力锚固段长度 l_1、无效锚固段长度 l_2 和有效锚固段长度 l_3 之和，即

$$L = l_1 + l_2 + l_3 \tag{3-12}$$

（5）主要计算参数取值估算。

计算抗滑桩锚固段长度时有两个主要参数需提前确定，即滑床楔形破坏区的破裂角 θ 和扩散角 λ。实际工程中，建议通过试验确定，无试验数据时可利用经验公式计算。

抗滑桩在合理锚固深度下，破裂角建议按式（3-13）进行估算。

$$\theta = 2/5(\alpha+\varphi) \tag{3-13}$$

式中：θ——滑床楔形破坏区的破裂角（°）；

$\qquad\alpha$——设桩处滑面倾角（°）；

$\qquad\varphi$——滑床内摩擦角（°）。

扩散角建议按 23° 进行估算。

5）抗滑桩的悬臂段

抗滑桩的悬臂长度主要由滑体的厚度、滑坡越顶"检算"等综合确定。在进行越顶验算时，应把因做桩后地下水排泄断面减小而可能抬高桩后地下水位这一因素考虑进去。越顶和桩长过长均表明桩长设计欠合理。

6）多排桩的布设

当滑坡推力较大时往往会布设多排抗滑桩予以支挡。

对于前后排桩间距离较大的抗滑桩排，一般要求抗滑桩满足分级支挡的要求，即后排桩应全部支挡其桩后全部滑坡的下滑力，前排桩应全部支挡其桩后与后排桩之间的全部滑体下滑力。严禁存在后排抗滑桩不能完全支挡下滑力而将其人为向下一级滑体传递的情况发生。这是因为后排桩前部要产生被动土压力抗力所需的位移量很大，其桩体的转动量与桩长的比值可达到 1%~5%，而这往往已造成桩体的抗滑能力严重受损，甚至造成桩体失效。

对于前后排桩间距离较小的抗滑桩排，即前后排桩间距离为 2~3 倍的桩截面时，一般会将前后排桩采用大截面梁体进行连接形成排架桩或椅式桩而共同支挡滑坡推力。根据大量试验和工程实践证明，前后排桩所支挡的滑坡下滑力为 3.5∶6.5 左右，故一般情况下要求后排抗滑桩结构要较前排抗滑桩大，以提供更好的抗滑和抗弯能力。

7）抗滑桩的埋深设置

对于一些滑体厚度较大的滑坡体，在抗滑桩布设不存在"越顶"的前提下，可通过设置埋入式抗滑桩或全埋式抗滑桩对滑坡下滑力进行支挡。它可有效减小抗滑桩的悬臂长度和抗滑桩的结构弯矩，从而有效减小工程规模。

8）抗滑桩的应用范围

抗滑桩在下滑力较大的大、中型滑坡治理中应用较为广泛，但对于滑坡下滑力不大于 300 kN/m 的小型滑坡中，一般情况下不建议采用抗滑桩工程进行治理，而宜尽量采用挡墙工程进行治理，以有效减小施工难度、提高处治工程的性价比。

9）抗滑桩前滑体抗力

当桩前滑体出现滑移时，一般不考虑滑面以上的桩前滑体抗力。只有当桩前滑体没有出现整体位移时，可适当考虑滑面以上的桩前滑体抗力，可根据桩前滑坡的剩余下滑力（负值）与桩前土压力综合考虑，并取两者的最小值予以应用。抗滑桩前滑体的土压力宜为被动土压力的 1/4~1/2，或宜为静止土压力。

10）悬臂桩法与地基系数法模型

现有的计算方法一般将土层视为弹性地基，并符合温克勒地基假设，将抗滑桩作为弹性地基梁进行计算。根据对滑面以上桩前土体作用处理方法的不同，抗滑桩的计算方法可分为两种：一是悬臂桩法，计算时将滑面以上桩身所受滑坡推力及桩前土体的剩余抗滑力（即桩前土体处于稳定状态时所能提供的最大阻力）作为设计荷载，若剩余抗滑力大于被动土压力，则以被动土压力代替剩余抗滑力，计算出锚固段桩侧压力、位移及内力，其计算模型相当于下部锚固的悬臂结构。该法计算简单，在实际工作中广为采用。二是地基系数法，计算时将滑面以上桩身所受的滑坡推力作为已知荷载，而将整个桩作为弹性地基梁计算。采用该法时，要求所求得的桩前抗力不大于剩余抗滑力及被动土压力，否则应采用剩余抗滑力及被动土压力。

11）桩侧土的弹性抗力计算

"K"法适用于硬质岩层及未扰动的硬黏土等；"M"法适用于硬塑—半坚硬的砂黏土等。

12）刚性桩与弹性桩的计算模型

当桩的刚度远大于土体对桩的约束时，在计算桩身内力时，可忽略桩的变形，而将桩视为刚体，即刚性桩，这种简化对计算结果影响不大。反之，则需考虑桩身变形的影响，即将桩视为弹性桩。

刚性桩桩截面较大，长度较短，其刚性相对于桩周岩土为无穷大；弹性桩截面小，长度大，相对刚度较小。一般大截面的挖孔桩多为刚性桩。

13）桩底支承条件

抗滑桩的顶端一般为自由支承，而底端则按约束程度的不同分为自由支承、绞支承及固定支承。

（1）自由支承：地层为土体或松软破碎岩石时，桩底端有明显的移动和转动。

（2）绞支承：桩底岩层完整，但桩嵌入此层不深。

（3）固定支承：桩底岩层坚硬完整，桩嵌入较深。

3. 设计步骤

（1）根据滑坡的抗剪强度指标，计算滑坡推力。

（2）根据地形、地质及现场施工条件等确定设桩位置和范围。

（3）根据滑坡推力大小、地形和地层性质，初定桩长、锚固深度、桩截面尺寸及桩间距。

（4）确定桩的计算宽度，并根据滑坡体地层性质，选定地基系数。

（5）根据选定的地基系数及桩的截面形式、尺寸，计算桩的变形系数及其计算深度。

（6）根据抗滑桩滑面以下的计算深度（抗滑桩的锚固深度与桩的变形系数的乘积）判断桩是刚性桩还是弹性桩。

（7）根据桩底的边界条件计算桩各截面的变位、内力及侧壁应力等，确定最大剪力、弯矩的位置。

（8）校核地基强度，若桩身作用于地基的弹性应力超过地层的容许值或小于其容许值过多，则应调整桩的埋深、截面尺寸、间距，重新计算，直至符合为止。

（9）根据计算结果，绘制桩身的剪力图和弯矩图，根据剪力图和弯矩图对桩进行配筋设计。

具体设计计算过程可以利用软件进行计算，这里不再赘述。

3.4.3　锚索抗滑桩

对承受推力大、受荷段或悬臂段长的抗滑桩，可在桩顶加设预应力锚索，复合形成锚索抗滑桩。锚索抗滑桩的设计计算应包括滑坡推力计算、桩周岩土体抗力计算、锚索拉力计算、锚索锁定力的确定、桩身内力计算以及抗滑桩和锚索各参数的设计计算等。它既包括了预应力锚索设计计算的所有步骤，也包括了普通抗滑桩的所有内容。

锚索抗滑桩设计要点如下：

（1）锚索拉力的确定。

常用计算方法有控制桩顶位移法、地基系数法、结构力学分析法。经验上，锚索拉力一般取滑坡推力的 1/5~1/2。

（2）锚索锁定力的确定。

锚索抗滑桩允许桩顶产生一定的位移，故锚索锁定力应小于设计锚固力，原则上应按锚索设计锚固力与桩—锚协同变形时所产生力之差值作为锁定力。经验上，按设计锚固力的 50%~80%锁定。

（3）锚索的布置。

锚索设于桩的顶段，但离桩顶的距离不得小于 0.5 m；多根锚索时可多排布设，竖向排距不宜小于 1.5~2.0 m；每排也可设两根锚索，水平间距不得小于 5 倍锚孔直径，且两索不并行而是向下分开。

（4）桩的嵌固深度。

锚索抗滑桩的嵌固段深度与滑坡推力、嵌固段地层的强度、桩的刚度、桩的截面宽度和桩距有关。一般对于岩层或土层，其嵌固深度不超过 1/4~1/3 总桩长。

（5）锚索的注浆强度。

水泥宜使用普通硅酸盐水泥，其强度不应低于 42.5 MPa；浆体配制的灰砂比宜为 0.8~1.5，水灰比宜为 0.35~0.45。

（6）锚索的锚固角。

锚索的锚固角应大于 10°，但一般不宜超过 25°。

（7）锚索锚固段长度。

锚索的锚固段长度通常取 3~10 m，且必须将其设置在良好地层中。当锚索轴向力大于锚索的屈服强度时，应优先考虑改变锚索材料，或增加锚索的数量及直径。

（8）锚头作用部位的桩身混凝土受力比较集中，应对锚孔周围的混凝土配筋进行加强，防止由于局部应力集中引起锚头垫板部位混凝土压碎而使其失去承载能力。

（9）一般将桩顶设锚处削成斜面，桩身设锚处加斜托，使锚索与桩身垂直。

3.4.4 地表截水工程

地表截水工程主要是后缘截水沟，如图 3-7 所示。因滑坡治理后，滑体可能还会有蠕变变形，滑体内的圬工水沟可能开裂导致地表水下渗影响滑坡的稳定性，故不宜在滑体内设置圬工排水沟，必要时对滑体内既有排水通道进行疏排。

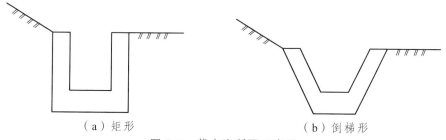

（a）矩形 （b）倒梯形

图 3-7 截水沟断面示意图

后缘截水沟修建于滑坡后缘 2 m 之外的稳定坡体上，多为环形，两侧接入自然沟道或既有排水工程。一般采用 M10 浆砌石，厚度不小于 30 cm；采用 C20 混凝土，厚度不小于 20 cm。对于易变形地层多采用钢筋混凝土或钢波纹管制作。

后缘截水沟的平面位置应现场核实，排水坡降设置合理，不宜过陡或过缓，可设成单面排水或双向排水。

后缘截水沟的截面一般为矩形或倒梯形，根据过流能力计算截面尺寸，安全超高一般取 20 cm；内侧墙应紧贴开挖边坡砌筑，墙后不能留有空隙，内侧墙亦不能高于坡面而阻水。纵坡较陡时应设置急流槽、消能台阶、横肋或人字肋加糙减速，出口设置消能池。

3.4.5　地下截排水工程

1. 仰斜排水孔

仰斜排水孔（如图 3-8）设计要点如下：

（1）仰斜排水孔以疏排坡体中具有一定地下水位线的裂隙水、承压水、潜水等为主。

（2）仰斜排水孔的钻孔孔径多为 90~110 mm，内置直径为 80~100 mm 的排水材料。

目前仰斜排水孔制作的主要材料有软式透水管和硬式透水管。

软式透水管是一种具有倒滤透（排）水作用的管材（如图 3-9）。以防锈弹簧圈支撑管体形成抗压软式结构，无纺布内衬过滤，使泥砂杂质不能进入管内，从而达到净渗水的功能。涤纶丝外绕被覆层具有优良吸水性，能迅速收集孔壁周边的水分。软式透水管的优点有：利用"毛细"现象和"虹吸"原理，集吸水、透水、排水为一体，具有耐压、透水及反滤作用，全方位透水，渗透性好；抗压耐拉强度高，使用寿命长；耐腐蚀和抗微生物侵蚀性好；整体连续性好，接头少，衔接方便；质地柔软，与土结合性好；等等。

硬式透水管采用高密度聚乙烯（HDPE）为主要原料，经高温挤出机曲向摇摆挤出，在冷却后而成型的一种具有一边密封（俗称不透水层），而另一边具有均匀密集小孔（俗称透水层）的管材。其具有重量轻，易于运输及操作；抗老化，使用寿命长；优良的抗冲击能力和抗化学腐蚀能力；集水能力极强的特点。且其工程造价与软式透水管相仿。

（3）仰斜排水孔的长度，一般以孔底置于隔水层以下 2~3 m 为宜，且长度不宜小于 15 m，水平向间距多采用 6~9 m。仰斜排水孔也可以针对坡面上的出水点进行加密或加宽设置。

（4）为方便地下水的顺利快速排水，一般情况下仰斜排水孔向上设置 5°~10°的倾角。

（5）仰斜排水孔设置后并不一定要求每个孔都能有地下水流出。工程中一般情况下以 30%的孔中出水就认为是工程设置较好。

（6）当滑坡体中存在丰富的深层地下水时，为更有效地降低坡体的地下水位，将仰斜排水孔与盲洞、集水井结合使用，往往可达到事半功倍的效果。

2. 小型竖向集水井

小型竖向集水井，主要指孔径小于 168 mm 的机械钻孔集水井，一般应用于坡体下部具有良好透水层的坡体地下水疏排。如成昆铁路的甘洛车站滑坡下伏老河道卵石层，就采用小型竖向集水井群将滑体地下水引排至下伏卵石层进行排泄，从而对滑坡进行有效治理。如图 3-10。

3. 截水盲洞（沟）

截水盲洞（沟）（如图 3-11），一般布设于滑坡后部的滑面以下 3 m 稳定的滑床之中，从而有效截断后部山体地下水进入滑体的通道。

滑体厚度小于 20 m 时，可在地面设置成排的小型竖向集水井群直通截水盲洞，形成的截水幕墙可有效截断坡后来水；滑体厚度大于 20 m 时，考虑到从地面设置小型竖向集水井群直通截水盲洞时存在一定的难度，故可在盲洞内部设置仰斜排水孔群，从而形成"幕墙"有效截断坡后来水。

在设置截水盲洞（沟）的滑坡治理中，可使滑面的内摩擦角适当提高 1°~2°，从而可大幅减小滑坡下滑力，有效减小支挡工程的规模，具有良好的经济效益。

4. 支撑渗沟

支撑渗沟除了可以通过圬工基底破坏滑面和利用自身重量提供抗滑能力外，同时可以有效疏排坡体地下水或降低坡体含水率而提高坡体自身稳定性。因此，其在一些地下水丰富或软弱地层类型的滑坡中代替抗滑桩等大型工程，有效提高了工程的经济性指标。

一般情况下支撑渗沟的间距为 6~10 m，宽为 2~3 m，深度小于 8 m，采用机械或人工开挖成台阶状后在其内填满不宜水化的硬岩或较硬岩大块石等材料，上部可采用浆砌片石进行封闭，混凝土或浆砌片块石等砌筑形成的具有较好抗滑能力的基底位于滑面以下的稳定地层中不小于 0.5 m，且设置为台阶状。支撑渗沟的布设平行于滑坡主滑方向，并多采用成群布置在滑坡体前缘，有时可与挡墙或骨架护坡配合使用，起到疏排坡体地下水、加强坡面防冲刷和支挡滑坡的作用。如图 3-12。

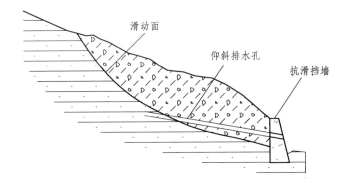

图 3-8　仰斜排水孔示意图（据蒋忠信 2018，略有修改）

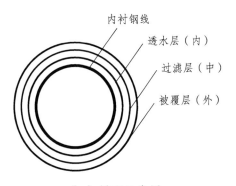

（a）剖面示意图

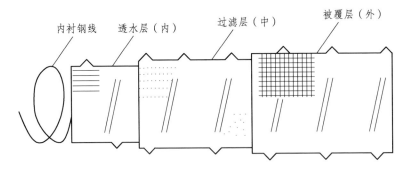

（b）构造示意图

图 3-9　软式排水管示意图

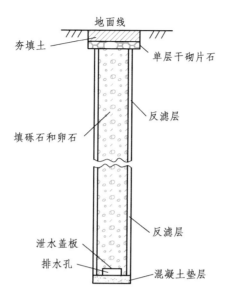

（a）填砂砾石反滤层的集水井

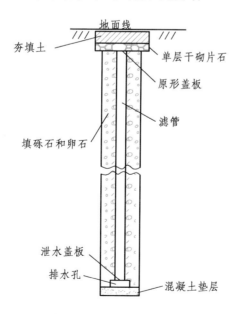

（b）设过滤管的集水井

图 3-10　小型竖向集水井示意图（据蒋忠信 2018，略有修改）

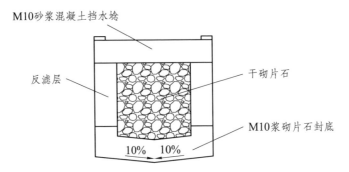

图 3-11　截水盲洞（沟）示意图

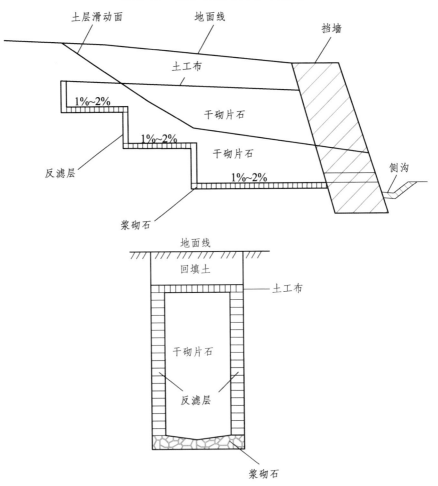

图 3-12　支撑渗沟结构示意图（据蒋忠信 2018，略有修改）

04
CHAPTER

滑坡治理工程勘查
设计实例

4.1 王贡湾滑坡

王贡湾滑坡位于巴中市平昌县，纵向长约 160 m，横向宽约 90 m，滑体平均厚约 4.0 m，体积约 5.76×10^4 m^3，主滑方向 351°；前缘高程 737 m，后缘高程 763 m，相对高差约 26 m；滑体为粉质黏土，滑面为基覆界面，滑床为砂质泥岩，产状约为 25°∠6°。滑坡后缘以小天鹅育才学校外操场内侧斜坡上边缘为界，左侧以陡崖上边缘为界，右侧以 LF06 为界；前缘无明显变形迹象。滑坡中后部变形明显，导致附近乡道及小天鹅育才学校外操场大量沉降、外操场内侧斜坡表面及坡顶树木大量歪斜、坡面上梯步及前缘脚墙严重损毁。

4.1.1 滑坡地质环境条件

1. 地形地貌

王贡湾滑坡区地势整体较为平缓，坡度一般为 15°~20°，中后部为小天鹅育才学校，学校外操场下部为乡道，中前部为阶梯状水田。左侧及前缘发育一陡崖，高差 10~15 m，陡崖处基岩出露。

2. 地层岩性

（1）滑体物质组成。

滑体主要由人工填土（Q_4^{ml}）及残坡积粉质黏土（Q_4^{el+dl}）组成。

人工填土层（Q_4^{ml}）：含碎石粉质黏土，褐红色，稍湿，硬塑，结构较松散，以粉质黏土为主，夹杂强风化—中风化的砂质泥岩颗粒。分布在滑坡区后部。

残坡积层（Q_4^{el+dl}）：位于滑坡区中前部地表大部分地带，以粉质黏土为主，棕红色，稍湿，稍密，硬塑—可塑，有轻微滑腻感，局部含铁锰质氧化物及钙质结核，遇水易软化，摇震反应慢。

（2）滑带土。

根据现场探槽揭露，滑带土主要为粉质黏土，厚度 2.0~3.0 cm，棕红色，稍湿—湿，可塑—软塑，土质较均匀，砂粒的感觉少，滑腻感明显，摇震反应中等，干强度高，渗透性较差，遇水易软化，韧性高。

（3）滑床基岩。

白垩系下统苍溪组（K_1c）：岩性为泥岩与砂岩互层，以棕红色砂质泥岩为主。勘查区内主要出露于滑坡区左侧及前缘陡坎及小天鹅育才学校后部斜坡地带，产状 25°∠6°。强风化岩体较破碎，节理、裂隙发育，岩体完整性较差；中风化岩体完整性较好。由钻孔揭露，强风化岩芯较破碎，完整性较差，岩芯呈碎块状—短柱状，节长最长约 30 cm；中风化岩芯完整性较好；岩质较软，强度较低，敲击易碎。

3. 地质构造

勘查区位于双山子鼻状构造东北翼，岩层产状受双山子鼻状构造的影响和制约。双山子鼻状构造是向西北端倾伏的鼻状构造，北西端在通江刘家坪附近圈闭，长度约 180 km，倾伏角为 4°~8°，轴部翘起，轴线方位 300°~285°，翼部倾角 SW10°~19°、NE9°~24°。

4. 水文地质条件

（1）地表水：勘查区内地表水主要为大气降水形成的暂时性地表径流，主要受大气降水补给，以蒸发、地表径流、下渗等方式排泄。

（2）松散堆积层孔隙潜水：主要赋存于第四系残坡积层等松散堆积层中，以潜水为主，水位埋深变化大，含水层较薄，分布面积较小，受季节性影响明显，渗透性较强，与地表水有密切的水力联系，在不同的地段表现为互补关系。根据探槽揭示，在 TC05 内沿基覆界面有水渗出，流量约 0.25 L/h，其余探槽未发现有水渗出。

（3）基岩裂隙水：主要赋存于白垩系下统苍溪组（K_1c）砂岩与泥岩互层中，由于地下水的赋存条件和岩体裂隙发育程度的差异，各地层中的富水性很不均一，以大气降水、松散堆积层孔隙潜水补给为主，流量随季节变化大。根据现场调查，在勘查区北侧滑坡区前缘外侧基岩出露的陡坎下部发现一泉点，流量约 0.2 L/min，钻探孔位均未发现初见水位，也没有稳定的地下水位，说明勘查区地下水位较低，地下水活动较弱。

（4）水质腐蚀性评价：根据《岩土工程勘察规范（2009年版）》（GB 50021—2001）第12.2条中地下水的腐蚀性评价的相关要求，场地环境类别为Ⅱ类，勘查区内地下水各种腐蚀性物质的含量均小于评价标准，其水质较好，对混凝土、钢筋混凝土均为微腐蚀性。工程构筑物设计时仅需进行一般防腐，无需进行专门防腐设计。

4.1.2 滑坡勘查

2012年对王贡湾滑坡区进行了详细的资料搜集、工程测量、工程地质测绘、槽探、钻探、室内试验等工作，根据勘查成果对滑坡进行综合分析研究，查明滑坡规模、滑面深度和滑体厚度，为滑坡治理方案提供了可靠的依据。

滑坡勘查主要完成工作量及代表性成果见表4-1、图4-1和图4-2。

表4-1　王贡湾滑坡勘查主要工作量

项目名称		单位	完成工作量	备　注
工程测量	1∶500地形测量	km²	0.08	
	1∶500剖面测量	km/条	1.564/7	
	E级GPS点	点	3	
	勘探点及碎部点放测	组日	4	
工程地质测绘	1∶500工程地质测绘	km²	0.08	
	1∶500剖面地质测绘	km/条	1.564/7	
山地工程	探槽	m³/个	166.12/9	
钻探工程	钻孔	m/孔	150.6/10	
室内试验	土样	件	15	
	岩样	组	6	
水文地质试验与简易观测	水样	件	2	
	水位	次/孔	20/10	

图 例

Q_4^{el+dl}　残、坡积层

Q_4^{ml}　人工堆积层

K_1c　白垩系下统苍溪组

滑坡边界及主滑方向

裂缝及编号

ZK05

图 4-1　王贡湾滑坡平面示意图

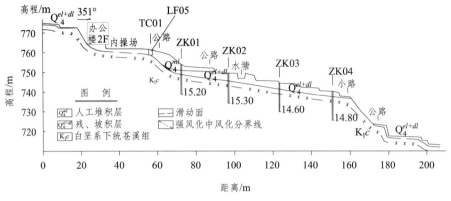

图 4-2　王贡湾滑坡代表性剖面示意

4.1.3　滑坡稳定性评价与计算

1. 稳定性分析评价

王贡湾滑坡由 2011 年 9 月 18 日强降雨引发。现场勘查显示，滑坡后缘及边界裂缝已贯通，滑带已形成，定性评价其在暴雨工况下处于不稳定状态，稳定系数小于 1.0。后期在降雨等因素影响下，滑坡稳定性将进一步降低。

2. 滑坡推力计算

滑坡推力计算首先是选取接近实际的滑带土强度指标。王贡湾滑坡滑带土为粉质黏土，现场探槽揭露主轴断面滑带并取原状样送试验室测试，得出滑带土饱和强度指标试验值 c=10.67 kPa、φ=3.8°，计算其稳定系数 F_s=0.967，安全系数 K_s 取 1.10，则计算剩余推力为 228.368 kN/m。

4.1.4　滑坡主要治理工程措施

1. 支挡工程

根据剩余推力计算结果及其保护对象位置，无法在后缘采用卸载工程，支挡工程拟设置在王贡湾乡道外侧，由于此处滑面埋深较大，不宜采用抗滑挡墙支挡，拟采用抗滑桩支挡，主轴断面设计推力采用滑坡剪出口剩余推力，桩截面 1.0 m×1.5 m，桩间距 5.0 m，桩长 9~11 m，共计 15 根。

2. 截排水工程

在抗滑桩外侧修建截水沟，疏通硬化位于滑坡纵向中部的排水沟。截水沟采用 0.3 m×0.5 m 的倒梯形断面，排水沟采用 0.4 m×0.6 m 的矩形断面，C20 混凝土现浇。

4.1.5 小结

王贡湾滑坡为典型的后缘堆载诱发型滑坡，滑带土强度指标采用现场取原状样送试验室测试得到；滑坡推力主要来源于后部加载区、向前缘逐渐减小。针对保护对象及其位置，在后缘无法采用卸载、抗滑挡墙工程的情况下，支挡工程宜尽量靠近保护对象设置，但其设计推力不宜选用支挡工程位置的剩余下滑力，应适当考虑支挡工程前部滑体的被动土压力及抗滑力，以优化支挡工程设计，达到较好的投资效益比。

4.2 魏家湾滑坡

魏家湾滑坡位于绵阳市平武县，平面形态呈长舌形，纵向长约 650 m，横向宽约 110 m，滑体厚 7.0~16.0 m，体积约 122×10^4 m^3，主滑方向北偏东 8°；前缘高程 715~720 m，后缘高程 965~970 m，相对高差一般为 250~255 m；滑体为碎石土，滑面为基覆界面，滑床为志留系茂县群（Smx）千枚岩，产状约为 355°∠53°。滑坡后缘以基岩陡壁为界，左右两侧以冲沟为界，前缘穿过松平公路至平通河。

滑坡区中上部以林地为主，植被覆盖率高达 90% 以上；中下部以旱地为主；前缘人工活动较强烈，削坡建房、修筑公路等形成多处高度 5~10 m 的陡坎；河岸修筑有防洪堤坝，有效地减少了河流对滑坡前缘的冲刷。"5·12"汶川大地震前坡体即出现变形迹象，中前部表面发生多条裂缝，走向 255°~285°，宽度 2~20 cm，可测深度 0.2~1.5 m，且每逢雨季裂缝都会增多变宽。"5·12"汶川大地震又加剧了滑坡变形，导致坡体后缘、前缘公路、河堤等处裂缝的数量和规模增大。

4.2.1　滑坡地质环境条件

1. 地形地貌

魏家湾滑坡区位于平通河右岸斜坡上，地面坡度一般为 25°~30°，滑坡前缘近河岸一带高程约为 715 m，后缘高程在 965～970 m，相对高差 250～255 m；后缘为 60°～70°的基岩陡壁，滑坡体两侧发育有小冲沟，具有较明显的双沟同源现象。

2. 地层岩性

（1）滑体物质组成。

根据现场勘查，滑体物质主要为碎石土，粒径 0.2~0.8 m，最大可达 3.5 m，碎石母岩为千枚岩，层理面光滑细腻，呈棱角状或次棱角状；粉质黏土填充于碎石其间，含量较少，可塑。在主滑剖面上钻探揭露厚度为 5.10~16.45 m。

（2）滑带土。

通过钻探揭露，主滑剖面上滑带埋深 6.2~18.4 m，层厚大约在 0.6~1.0 m，以含角砾的粉质黏土为主，稍湿—湿，软塑—可塑；角砾母岩以千枚岩为主，含少量石英，呈碎块或碎屑状，磨圆明显，由于土体滑移具有明显的定向排列特征。

（3）滑床基岩。

志留系茂县群（Smx）千枚岩：灰—青灰色，片状构造，碎屑颗粒具鳞片变晶结构，粒径约 0.01~0.05 mm，片理面上具有明显丝绢光泽，部分地段含有石英岩脉，产状 355°∠53°。上部岩层风化较严重，厚度约 5.0 m，中风化岩层较厚，钻探岩芯较完整，RQD 一般为 40~80。

3. 地质构造

勘查区位于龙门山北东向构造带南坝大断层的西侧，距南坝大断层 9.2 km，区内为一单斜构造，岩层产状为 355°∠53°。

4. 水文地质条件

勘查区地下水类型主要为堆积体松散层孔隙潜水及基岩裂隙水。

（1）孔隙潜水：赋存于碎块石松散土层中，具潜水性质，由大气降水及滑坡两侧冲沟地表水补给，并向低洼处运移，以下降泉形式出露，流涌约 0.008 L/s。

（2）基岩裂隙水：主要赋存于志留系茂县群（Smx）千枚岩风化裂隙和构造裂隙中，主要接受大气降水及上部的孔隙潜水下渗补给，岩层透水性较差，储水量不大。

4.2.2 滑坡勘查

魏家湾滑坡于2008年底开展应急勘查工作，包括工程测量、工程地质测绘、钻探、槽探、原位测试与室内试验等工作。

滑坡勘查主要完成工作量及代表性成果见表 4-2、图 4-3、图 4-4。

表 4-2 魏家湾滑坡勘查主要工作量

项目名称		单位	完成工作量	备注
工程地质测绘	1：500 工程地质测绘	km^2	0.137	
	实测地质剖面	条/m	4/1 027	
地质勘探	钻探	孔/m	10/269.6	
	槽探	个/m^3	6/189.78	
工程测量	控制测量 GPS 控制测量（D 级）	点	4	
	控制测量 勘探点及碎部点放测	组日	6	
	地形图测量 1：500	km^2	0.22	
	地形图数字化测绘	km^2	0.22	
现场原位试验	大重度试验	次	6	
	变形监测	次	360	
取样测试	土样	件	14	
	岩样	件	10	
	水样	件	2	

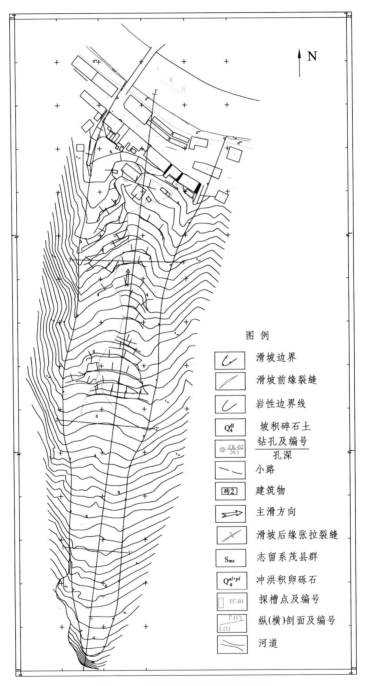

图例

↳	滑坡边界
↗	滑坡前缘裂缝
↳	岩性边界线
Q_4^{dl}	坡积碎石土
⊙ ZK-02 / 26.1	钻孔及编号 / 孔深
↘	小路
砖2	建筑物
⟹	主滑方向
↗	滑坡后缘张拉裂缝
S_{mx}	志留系茂县群
Q_4^{al+pl}	冲洪积卵砾石
☐ TC-01	探槽点及编号
I'(1') / I(1)	纵(横)剖面及编号
↗	河道

图 4-3 魏家湾滑坡平面示意图

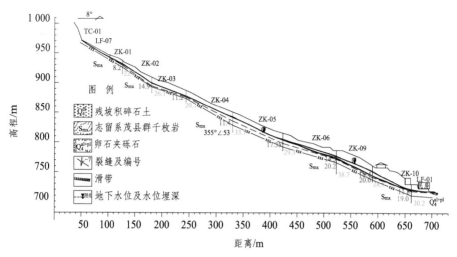

图 4-4 魏家湾滑坡代表性剖面示意图

4.2.3 滑坡稳定性评价与计算

1. 稳定性分析评价

从滑坡变形时序特征来看，"5·12"汶川大地震前坡体即发生变形，"5·12"汶川大地震加剧了坡体变形。现场勘查显示，滑坡虽有变形迹象但尚未发生整体大规模滑动，说明滑坡处于蠕滑压密变形阶段，整体稳定系数应在 1.02 左右。

2. 滑坡推力计算

滑坡推力计算首先是选取接近实际的滑带土强度指标。根据反算及试验指标比较后选取。魏家湾滑坡滑带土为含角砾的粉质黏土，角砾已被黏性较强的粉质黏土包裹，因而滑带土黏聚力 c 不能忽略。c 值采用试验指标，反算内摩擦角 φ 值。主轴断面稳定系数 F_s=1.02 时，求得 φ=14.5°。最终，滑带土强度指标采用 c=23.5 kPa、φ=14.5°，安全系数 K_s 取 1.10，则计算剩余推力为 4 203.675 kN/m。

4.2.4　滑坡主要治理工程措施

1. 削坡减载工程

在滑坡体中前部、居民房后侧削坡减载形成六级 1：1.5 的人工边坡，每级边坡设置宽 8 m 的削方平台。削方过程中，先把表层耕植土集中堆放，削方减载至设计标高以后，恢复表层耕植土，并播撒草种。草籽应选用根系发达、叶茎粗矮、枝叶茂盛或葡萄茎的多年生草种，并宜几种草籽混播，施工前应将草种与土粒拌合，均匀播种，并采用易腐烂植物覆盖保湿生养，必要时也可采用薄膜保湿养生。

削方土体外运至指定弃土场堆放，弃渣体外侧修筑高 5 m 顶宽 1 m 的 M10 浆砌条石挡墙。

2. 抗滑桩支挡工程

削坡减载后根据拟设桩处的剩余推力进行抗滑桩截面选择和配筋。上排桩设计推力 1 225 kN/m，下排桩设计推力 1 350 kN/m。桩身截面尺寸为 2 m×3 m，桩间距 5~6 m，桩长 28~17 m，共计 30 根。

3. 截排水工程

为减小地表水对滑坡稳定性的影响，以及工程建成后地表水对工程的破坏作用，沿滑坡面设置 1 道宽 0.6 m、深 0.6 m 的矩形截水沟，在滑坡周界修筑下底宽 1.0 m、深 0.8 m、两侧坡比为 1：0.25 的倒梯形排水沟，出口接天然冲沟，沟底采用黏土封填夯实。

4.2.5　小结

魏家湾滑坡为崩坡积层牵引式土质滑坡，前缘削坡建房、修筑公路等人工活动减小了抗滑段滑体厚度，但防洪堤坝的修筑又有效减少了河流对滑坡前缘的冲刷淘蚀。根据现场勘查，滑坡区裂缝仅发育在地表一定深度内，尚未贯通至基覆界面，其牵引段、主滑段不明确，因此尚不能对滑坡进行分区分级，滑带土强度指标尚不能分段选取。

根据计算结果，滑坡推力在中前部急剧增大。针对保护对象及其位置，治理措施可考虑在推力急剧增大的区域适当卸载，方量为滑坡总体积的 1/8 左右，以减小支挡工程规模，降低工程造价。

4.3 岩窝头滑坡

4.3.1 滑坡概况

岩窝头滑坡位于泸州市纳溪区，由一个古滑坡（HP0）及其上发育的三个复活滑坡（HP1、HP2、HP3）组成，正面全景如图 4-5，侧面全景如图 4-6。

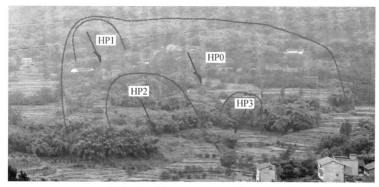

图 4-5 岩窝头滑坡正面全景（镜头向北偏西）

图 4-6 岩窝头滑坡侧面全景（镜头向北偏东）

HP0 滑坡前缘高程 261 m，后缘高程 377 m，相对高差约 116 m；滑坡纵向长约 415 m，横向宽约 320 m，滑体平均厚约 19.0 m，体积约 252.3×10^4 m^3，属大型滑坡，滑体为泥岩、砂岩组成的似层状结构以及碎块石土，滑床为侏罗系中统下沙溪庙组砂泥岩互层，产状约为 30°∠5°，前缘临空，滑体切过砂岩与泥岩不等厚互层地层发生滑动。后缘以陡崖为界，左侧以冲沟为界，右侧以冲沟和陡缓交界处为界，主滑方向117°。

　　HP1滑坡前缘高程336 m，后缘高程375 m，相对高差约39 m；滑坡纵向长约92 m，横向宽约69 m，滑体平均厚约7.6 m，体积约4.82×10⁴ m³，属小型滑坡，滑体为碎石土，滑床为似层状泥岩砂岩互层（假基岩）。滑坡中后部变形迹象明显，后缘以陡崖下边缘的裂缝LF01为界，左侧以陡缓坡为界，右侧以冲沟为界，主滑方向117°。

　　HP2滑坡前缘高程264 m，后缘高程309 m，相对高差约45 m；滑坡纵向长约123 m，横向宽约88 m，滑体平均厚约11.9 m，体积约12.84×10⁴ m³，属中型滑坡，滑体为似层状泥岩砂岩互层（假基岩），滑面基本与古滑面重合，滑床为侏罗系中统下沙溪庙组砂泥岩互层，产状约为30°∠5°。滑坡中后部变形迹象明显，后缘以拉陷槽为界，左侧以冲沟为界，右侧以陡缓坡交界为界，主滑方向117°。

　　HP3滑坡前缘高程289 m，后缘高程298 m，相对高差约9 m；滑坡纵向长约27.8 m，横向宽约32 m，滑体平均厚约6.3 m，体积约0.56×10⁴ m³，属小型滑坡，滑体为覆盖层。滑坡中后部变形迹象明显，后缘以房屋内裂缝为界，左侧以陡缓交界为界，右侧以小冲沟为界，滑坡主滑方向136°。

　　据现场走访调查，岩窝头HP0古滑坡的活动年代久远，当地86岁老人也未经历该古滑坡的变形破坏。HP1~HP3复活滑坡最早在2002年出现变形迹象，HP1后缘开始形成陡坎，HP2后缘出现裂缝。在2011年7月暴雨作用下，导致了滑坡的大规模滑动并致灾，HP1滑坡中部、后部缓坡林地内产生了大量吊坎、裂缝，HP2滑坡旱地中后部产生大量裂缝；HP3于2005年开始产生蠕滑变形，房屋和地面出现变形破坏。岩窝头滑坡目前威胁其前缘及滑体上的居民12户36人；此外，该滑坡还威胁房屋建筑面积1 750 m²、耕地130亩。

4.3.2　滑坡地质环境条件

1. 地层岩性
（1）滑体物质组成。
古滑坡区内地层主要为第四系滑坡堆积坡积碎石土（Q₄ᵈᵉˡ⁺ᵈˡ）、崩积块石土（$Q_4^{del+col}$）和似层状块石土（假基岩）（Q_4^{del}）。均为古滑坡体发生滑动变形后，变形破坏的滑体分解风化形成。由于不同位置滑体分解情况不同，堆积区的水文、风化情况不同，造成了坡体物质的不均匀性、差异性大。

①残坡积碎石土（Q_4^{del+dl}）：主要位于由滑坡堆积体充分解体以后风化产生。碎石含量 55%~60%，粒径主要集中在 1.0~5.0 cm，最小可见粒径约 0.5 cm，碎石多呈棱角—次棱角状，磨圆度较差，排列较混乱，粒径级配较差，碎石之间充填物质主要为粉质黏土，褐红色，稍湿，硬塑，结构较松散，无摇震反应，表层含大量植物根系，孔隙较发育。碎石主要为强风化—中风化的砂质泥岩颗粒。分布于 HP0 滑坡区中前部、HP2 及 HP3 滑坡的大部分区域。

②崩坡积块石土（$Q_4^{del+col}$）：主要由充分解体的古滑坡体及部分崩塌堆积体组成。HP0 后缘主要为块石土，块石块径主要为 0.5~2 m，最大约 6 m。块碎石土充填物为粉砂及粉质黏土，稍湿，稍密，硬塑，有轻微滑腻感，为砂岩和砂质泥岩的风化产物，局部含铁锰质氧化物及钙质结核，遇水易软化，摇震反应弱，结构较密，渗透性较差。钻孔取芯可见，ZK01、ZK08 均揭示表层为块石土，厚度 2.2~2.6 m。

③似层状结构块石土（假基岩）（Q_4^{del}）：为古滑坡整体滑动后完整性较好的滑体，仍保持明显的层理，岩性与基岩保持一致，主要为泥岩和泥质砂岩。表层风化较严重，植被茂盛。由于受古滑坡变形拉裂影响，岩体中发育较多裂缝，其岩土物理力学参数与基岩相近。各钻孔均能揭露出，与基岩以破碎带为分界线。该层位在 HP2 滑坡地表出露明显，后缘小山包整体均由该层构成，前缘剪出口位置也能观察到，厚度分布不均匀，HP0 后缘部位一般为 2.5~10 m，前缘最厚处约 20 m。实测 HP2 滑坡区假基岩产状为 63°∠11°~73°∠13°，与基岩产状 30°∠5°相差较大，说明其产状在滑坡滑动时整体发生了变形，向滑坡的滑动方向发生显著倾斜。

（2）滑带土。

根据现场实际勘查，HP0 古滑坡滑带位于似层状块石土（假基岩）与基岩的交界处，后缘从陡崖开始，前缘剪出口位于冲沟沟底，根据钻孔揭露，个别位置滑带较为明显，滑带为一层粉质黏土，埋深一般为

18.4~23.5 m，厚度为 5~10 cm。HP1 复活滑坡滑带为块石土与似层状块石土（假基岩）的交界面，后缘从陡崖开始，前缘从稻田后部的陡坎下剪出，钻孔揭露滑带较为明显，滑带为一层粉质黏土，埋深一般为 5~12 m，厚度为 3~5 cm。HP2 复活滑坡滑带后缘位于似层状块石土（假基岩）中，前缘沿古滑面滑动，滑带为一层粉质黏土，埋深 11.3~16.0 m，厚度 5~10 cm。HP3 滑带前缘和后缘部分位于表层碎石土中，中部位于碎石土与似层状块石土（假基岩）的交界处，成分为含粉质黏土，后缘从 06#房屋中开始，前缘从林地陡缓交界处剪出，埋深 3.2~8.9 m，厚度为 3~5 cm。

①古滑坡粉质黏土：根据现场探槽揭露，HP0 古滑坡滑带土体主要为棕红色粉质黏土，潮湿、稍密，主要为粉质砂岩的风化产物。粉质含量为 20%~30%，并含有少量粒径为 0.2~0.3 cm 的角砾，厚度为 0.1~0.2 m。

②复活滑坡粉质黏土：根据探槽和钻探揭露情况，复活滑坡滑带土主要为粉质黏土。棕红色，稍湿—湿，可塑，局部为软塑，土质较均匀，砂粒的感觉少，滑腻感明显，摇震反应弱，干强度高，遇水易软化，韧性高，主要为泥岩的强风化产物。该土层结构较密，渗透性较差，土体有一定黏性。

（3）滑床基岩。

HP0 古滑坡滑床主要为侏罗系中统下沙溪庙组（J_2s^1）棕红色泥岩与青灰色粉质砂岩互层。根据岩层出露和钻孔揭露情况，滑床完整性较好，勘查区内实测基岩产状为 30°∠5°。中厚—厚层状结构，块状构造。

HP1~HP3 复活滑坡滑床为似层状块石土（假基岩）和碎块石土。似层状块石土（假基岩）为古滑坡体滑动后结构保存完整似层状块石土，岩性与基岩保持一致，主要为泥岩和泥质砂岩，其岩土物理力学参数与基岩相近。

2. 地质构造

滑坡区位于巨型新华夏构造体系的一级沉降带四川盆地南缘，属纬向构造赤水—长宁东西构造带的一部分。区内构造以舒缓褶曲为主，发育完整，无断裂破坏。构造形迹由北向南主要有：纳溪背斜、罗东槽向斜、沙溪沟向斜、长源坝背斜、沈公山背斜、打古场背斜和相岭—象笔山向斜。

区内新构造运动较为强烈，在全区大面积上升的同时，断层活动产生相对位移，从而发生浅源构造地震。因断层规模小，故破坏性地震少见，但有感地震常有发生，显示了地壳的不稳定性，地震震级一般在 2.5~4.2 级。据《中国地震动参数区划图》（GB 18306—2015），地震设防烈度为Ⅵ度，基本地震加速度值为 0.05g。

3. 水文地质条件

（1）第四系松散岩类孔隙水。

①一级阶地砂卵砾石孔隙含水层：长江沿岸发育较好，地下水主要赋存于阶地下部的砂卵砾石层中，受降水和河水补给，但不易于聚集和保存，富水程度较差，地下水埋藏较深，井、泉较少，钻孔出水量一般小于 100 m³/d。

②一级阶地以上基座阶地基本无水的黏土砾石层：二级阶地分布面积较大，三、四级阶地经侵蚀只残留于河谷两岸基座台面上。地下水仅埋藏于局部透镜状砂层或含黏土较少的砾石层中，受大气降雨和基岩裂隙水补给，动态不稳定，流量为 1.728~12.960 m³/d。

（2）红层泥岩、砂岩风化带孔隙裂隙水。

①沙溪庙组（J_2s）砂、泥岩裂隙含水层组：主要分布于丘陵地区，砂岩一般以中细粒为主，纵张裂隙发育，局部形成密集带。泥岩中则以微细风化裂隙较为发育。

②遂宁组（J_2sn）砂质泥岩风化带裂隙溶（孔）隙含水层组：零星分布于向斜翼部及轴部，以砂质泥岩为主，夹少量粉砂岩并含石膏，石膏被溶蚀形成溶孔、溶隙互相贯通。富水性受构造和地形地貌控制而不同。

③蓬莱镇组（J_3p）砂岩、泥岩风化带裂隙含水层组：主要分布在纬向构造向斜翼部及轴部，地貌上处于斜坡或参差起伏低山山地和深丘地区，受地形控制，就地补给，以下降泉排泄。

④白垩系夹关组（K_2j）砂岩、泥岩孔隙裂隙含水层组：分布于

纬向构造的向斜轴部，多位于处低山山体上部，基岩大多裸露地表，地形受侵蚀切割而支离破碎，地下水循环途径不长，就地补给，就近排泄。

勘查区内地表可见地下水体出露较少，勘查区北侧 HP1 滑坡前缘外侧陡坎下部发现 2 处泉点，流量一般为 0.05~0.1 L/min；HP2 前缘剪出口有泉点出露，探槽中有渗水现象，流量约 0.25 L/h。根据钻孔揭示，滑坡区前部多数探孔位均发现初见水位，具有稳定的地下水位。渗透系数取 0.1~0.5 m/d，为弱透水层。地下水各种腐蚀性物质的含量均小于评价标准，其水质较好，对混凝土、钢筋混凝土均为微腐蚀性。

4.3.3 滑坡勘查

2012 年对岩窝头滑坡区进行了详细的资料搜集、工程测量、工程地质测绘、槽探、钻探、室内试验等工作，根据勘查成果对滑坡进行综合分析研究，查明滑坡规模、滑面深度和滑体厚度，为滑坡治理方案提供了可靠的依据。

滑坡勘查主要完成工作量及代表性成果见表 4-3、图 4-7、图 4-8。

表 4-3　岩窝头滑坡勘查主要工作量

项　　　　目	单位	完成工作量	备　　注
1：500 地质测绘面积	km²	0.17	
1：500 地形图测量（修测）	km²	0.17	
1：500 断面测量	km	1.80	
GPS 控制点测量	点	3	
图根点（导线测量）	点	35	
定点测量（勘探点）	组日	3	
钻孔	m/个	264/11	
探槽	m³/个	260/14	
土样	组	12	
水样	件	2	
岩样	块	6	

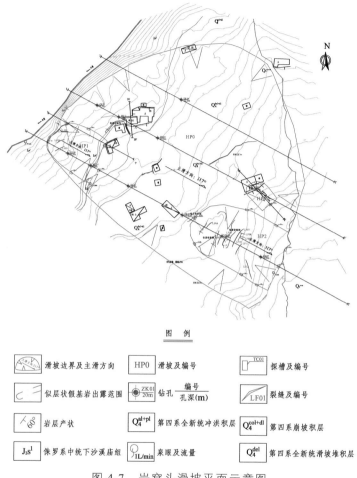

图 例

滑坡边界及主滑方向	HP0 滑坡及编号	TC01 探槽及编号	
似层状假基岩出露范围	ZK01/20m 钻孔 编号/孔深(m)	LF01 裂缝及编号	
岩层产状	Q₄^{al+pl} 第四系全新统冲洪积层	Q₄^{col+dl} 第四系崩坡积层	
J₂s¹ 侏罗系中统下沙溪庙组	1L/min 泉眼及流量	Q₄^{del} 第四系全新统滑坡堆积层	

图 4-7　岩窝头滑坡平面示意图

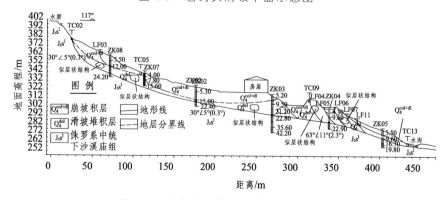

图 4-8　岩窝头滑坡代表性剖面示意图

4.3.4　滑坡成因机制分析

岩窝头滑坡为古滑坡局部复活。对古滑坡形成及其复活机理分析是对其稳定性评价的前提，也是滑坡治理工程方案选择的前提。

根据地形特征、滑坡体的岩土分布特征及钻孔揭露情况，可以推测古滑坡 HP0 是在历史上某次大地震或大规模暴雨工况下，或二者叠加的工况下，由于前缘临空，地震加速度及动、静水压力破坏了坡体原有的平衡状态，下滑力超过滑面的承受能力，在基岩中发生剪切破坏，滑体整体向下滑动。滑坡变形破坏后，滑体上原有崩积块石被带至滑坡各处，后缘形成 6~15 m 高的陡崖。陡崖上的一层标志岩层底砾岩可在探槽中发现错动，滑体中的底砾岩破碎后散落到各处。滑体的后部解体较为明显，表层经过风化形成碎块石土，前部产生张拉破坏较严重，在现在的 HP2 滑坡位置处产生两条分别为 6.5 m 和 11.2 m 宽的拉陷槽，部分滑体仍保持基岩的结构。

HP1 滑坡发育于第四系滑坡堆积和崩坡积层中。坡体物质主要由块石土组成。块石土结构不均一，含有较多孔隙，成为地下水流通的主要通道，由于坡面降雨缺乏统一的排导体系，在斜坡体上易沿土体孔隙、坡体裂缝下渗，使地表水容易进入坡体内部成为地下水，改变天然地下水位的平衡形成一定的动、静水压力，同时增加土体自身的重量，使土体达到近饱和甚至饱和状态，对土体产生浸泡软化，而使土体抗剪强度大大降低。长时间连续降雨入渗时，在地下水润滑及渗透压力影响下，滑坡发生整体推移变形。

HP2 滑坡发育于古滑坡体的似层状结构（假基岩）中。坡体主要由结构较为完整的泥岩、粉质砂岩互层组成，由于似层状结构中包含大量裂缝，在暴雨工况下，地表水沿现有裂缝，改变似层状假基岩的地下水的平衡，增加似层状结构的重度。同时，前缘存在较为明显的临空面，致使滑坡沿古滑面产生逐级滑动，现场可在后缘观测到成序列的明显张拉裂缝，潜在滑面有 6 条之多。发生滑动后，HP2 滑体中的似层状结构（假基岩）产状也发生了变化，产状约为 60°∠11°，而基岩产状约为 30°∠5°。

HP3 滑坡位于第四系人工填土层和坡积层中中。坡体由人工填土及碎石土组成。人工填土是由房屋修建时填筑地基形成的，厚度 5~6 m。由于人工填土及碎石土孔隙度较大，在暴雨工况下，雨水很容易入渗到土体中，使土体达到饱和，抗剪强度降低，同时坡体的坡度较大（20°~25°），房屋的修建也增加了坡体的重量，坡体沿古滑面产生轻微变形下滑。在后缘的院子中产生下错变形，下错幅度 0.4~0.5 m。

4.3.5　滑坡稳定性评价与计算

1. 稳定性分析评价

根据现场勘查，HP0 滑坡体整体处于基本稳定—稳定状态，但在降雨量大、地震或人工活动影响下，存在局部复活。HP1、HP2、HP3 滑坡在天然工况下处于基本稳定或稳定状态，在暴雨和地震工况下处于欠稳定或不稳定状态。

2. 滑坡推力计算

根据反算、试验指标及工程地质类比综合确定滑带土强度指标。其中，古滑坡 HP0 变形情况已经长期处于固结阶段，滑体的稳定性系数较大，而经过滑体的压密作用，古滑坡滑带土相较滑动变形时，其力学性能已经有了很大提高。主轴断面上古滑坡 HP0 的滑带土强度指标采用 c=120 kPa、φ=20°。

主轴断面上古滑坡 HP1 的滑带土强度指标采用 c=17 kPa、φ=22°，安全系数 K_s 取 1.05，则计算剩余推力为 492.257 kN/m。

主轴断面上古滑坡 HP2 的滑带土强度指标采用 c=16 kPa、φ=19°，安全系数 K_s 取 1.05，则计算剩余推力为 847.18 kN/m。

主轴断面上古滑坡 HP3 的滑带土强度指标采用 c=17 kPa、φ=21°，安全系数 K_s 取 1.05，则计算剩余推力为 199.821 kN/m。

4.3.5　滑坡主要治理工程措施

HP1 滑坡保护对象位于滑坡区的前缘左侧，HP2 滑坡无保护对象，HP3 滑坡保护对象位于滑坡区后缘。根据剩余推力计算结果及保护对象位置，拟针对 HP1、HP3 滑坡采用支挡措施。

①HP1 滑坡：在 7—7′剖面 12#房屋后侧及右侧修建抗滑桩，桩截面 1.5 m×2.0 m，桩长 6~8 m，桩间距 5 m；在 7—7′剖面 12#房屋后侧及 9—9′、10—10′剖面房屋院子的原有挡墙位置修建护坡挡土墙，挡墙高 4.5 m，顶宽 0.5 m，底宽 1.4 m。

②HP3 滑坡：在 8—8′剖面 6#、7#房屋的院子前原挡墙位置修建抗滑桩板墙，桩截面 1.5 m×2.0 m，桩长 11~19 m，桩间距 5 m，挡土板厚 30 cm。

③裂缝填埋：对坡体后缘、中部裂缝两侧 0.5 m 范围内的岩土体进行开挖清理然后用黏土生石灰封填，防治地表水入渗影响坡体稳定性。

4.4 黑山坡滑坡

根据现场详细调查确定的滑坡范围，黑山坡滑坡的坡体横向宽约 430 m，纵向长约 260 m，滑体厚度 5.5~19.2 m，总体积约 $160×10^4$ m³，为大型基岩滑坡。滑坡区整体较平缓，前缘高程 343~356 m，后缘高程 383~402 m，相对高差一般为 27~59 m，整体坡度约 7°；坡体后缘为一近直立的陡崖，陡崖基岩为砂岩与泥岩不等厚互层，其中陡崖下部岩层风化较强烈，局部似土状；受河流下切影响，坡体前缘较陡，整体坡度 20°~35°，局部为近直立的陡崖，为坡体的滑移形成了一定的临空面。滑坡区整体特征见图 4-9。

（a）滑坡全景照片

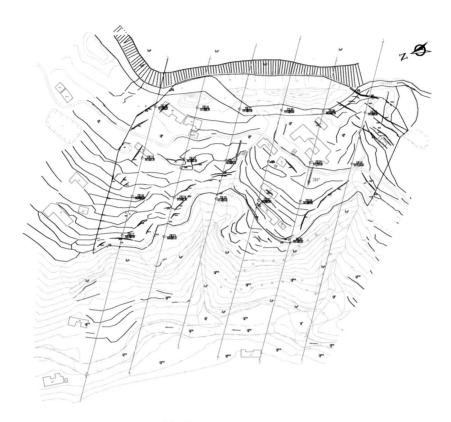

图 例

Q_4^{del} 滑坡堆积层		$\overset{LF01}{\diagup}$ 裂缝及编号	
Q_4^{sef} 泥石流堆积层		机耕道	
Q_4^{col+dl} 崩、坡积层		● 渗水点	
Q_4^{al+pl} 冲、洪积层		树林区	
J_3P_2 侏罗系上统蓬莱镇组上段		滑坡边界及主滑方向	
$\overset{3°}{\diagup}$ 岩层产状		古拉陷槽	
┆ · 地层界线			

（b）滑坡工程地质平面示意图

图 4-9 黑山坡滑坡整体特征

滑坡变形明显，边界特征清晰，后缘以滑坡滑移形成的一条大的拉陷槽为界；前缘剪出口至泉水出露点；左右两侧边界发育有明显的裂缝。滑坡变形特征见图 4-10～图 4-17。

图 4-10　滑坡前缘局部照片

图 4-11　滑坡前缘渗水局部照片

图 4-12　滑坡后缘界特征照片

图 4-13　滑坡后缘边界特征照片

图 4-14　滑坡左侧边界特征照片

图 4-15　滑坡左侧边界特征照片

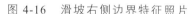

图 4-16　滑坡右侧边界特征照片　　图 4-17　滑坡右侧边界特征照片

4.4.1　滑坡地质环境条件

1. 地层岩性

（1）滑体物质组成。

含碎块石粉质黏土：黄褐色—灰褐色，稍湿—湿，可塑；碎块石多为砂岩岩块，含量一般为 5% ~ 25%，粒径主要集中在 0.5 ~ 10.0 cm，少数可达 20.0 cm 以上；粉质黏土主要为砂岩或泥岩的风化产物，有轻微滑腻感；土体局部含铁锰质氧化物及钙质结核，遇水易软化，摇震反应不明显；表层土体含少量植物根茎，耕植土层厚度一般小于 0.5 m。

碎块石：青灰色—灰绿色，稍湿—湿，稍密；碎块石主要为砂岩岩块，岩块大多风化严重，手可掰断，钻孔时难以取芯，钻孔中的岩芯多呈松散的砂土状，局部含有较多黏粒的岩芯呈柱状。

（2）滑带土。

根据现场详细调查，勘查区前缘陡崖基岩未发生明显整体变形痕迹，且后缘新拉陷槽为后缘陡崖岩体剧烈错移而形成的，新拉陷槽外侧有一古滑坡拉陷槽（以下称"古拉陷槽"）。古拉陷槽内土体结构松散，对新错移的岩体具有削能的作用，表现为坡体变形强度从后缘至前缘具有逐渐减弱的趋势，且前缘临空面表层土体有渗水现象，因此滑面为古基岩滑坡形成的似层状碎块石界面。

根据现场钻探取芯和探槽揭露剖面分析，滑动面或基覆面上土体主要为含少量角砾的粉质黏土，厚度一般为 5—15 cm，灰~灰褐色，稍湿~湿，可塑—软塑，主要为灰岩的风化产物，土质不均匀，有砂粒感和滑腻感，摇震反应弱；角砾主要为灰岩颗粒，粒径主要集中在 2.0—10.0 mm，次棱角—浑圆状，磨圆度中等，含量约 5%。

（3）滑床基岩。

黑山坡滑坡滑床主要为侏罗系上统蓬莱镇组上段泥岩和砂岩不等厚互层，以泥岩为主。实测基岩产状为 325°∠3°。

①泥岩：紫红色，厚层状，强风化层厚度一般为 2.0—3.0 m，岩层节理裂隙较发育，裂隙充填物质主要为角砾和粉质黏土，岩体较破碎，完整性较差，多呈碎块状；中风化岩体岩质相对较硬，强度较高。

②砂岩：青灰色夹灰绿色，裸露基岩风化层较薄，裂隙较发育，岩体较破碎，风化层常呈砂土状，易剥落；中风化砂岩岩质相对较硬，强度较高。

2. 地质构造

滑坡区位于仪陇—巴中—平昌莲花状构造第二束褶皱群内，地表无褶皱发育，周边发育有鼻状背斜和穹隆。据《中国地震动参数区划图》（GB 18306—2015），本区抗震设防烈度为 6 度，设计基本地震加速度值为 0.05g，设计地震第一组，设计特征周期 0.35s；地震动峰值加速度值为 0.05g，地震动反应谱特征周期 0.35s。

3. 水文地质条件

本区的水文地质条件相对较简单，根据地下水的水理性质、水力特征及赋存条件可将区内地下水划分为构造裂隙水和风化带网状裂隙水两种。

4.4.2 滑坡勘查

2013 年对黑山坡滑坡区进行了详细的资料搜集、工程测量、工程地质测绘、槽探、钻探、室内试验等工作，勘查总面积 0.35 km²。根据勘查成果对滑坡进行综合分析研究，查明滑坡规模、滑面深度和滑体厚度。

滑坡勘查主要完成工作量见表4-4。

表 4-4　黑山坡滑坡勘查主要工作量

项目名称		单位	完成工作量	备　注
工程测量	1：500 地形测量	km^2	0.35	
	1：500 剖面测量	km/条	7.42/10	
	E 级 GPS 点	点	4	
	勘探点及碎部点放测	组日	4	
工程地质测绘	1：500 工程地质测绘	km^2	0.35	
	1：500 剖面地质测绘	km/条	7.42/10	
山地工程	探槽	m^3/个	324/18	
	探井	m/个	14/2	
钻探工程	钻孔	m/孔	793.5/20	
室内试验	土样	件	16	
	岩样	组	12	
水文地质试验与简易观测	水样	件	2	
	水位	次/孔	20/10	

4.4.3　滑坡成因机制分析

黑山坡滑坡为多次滑动的大型基岩滑坡。通过现场调查发现，该滑坡滑移后地表变形呈现出十分特殊的现象：即滑坡后缘拉陷槽最大张开宽度达 26 m，而通过右侧边界剪切裂缝错移距离、左侧边界张扭裂缝张开宽度结合古拉陷槽前部地表鼓胀裂缝分析，古拉陷槽前部堆积体整体滑移距离很短，新生基岩滑移体剧烈的变形在坡体整体变形上未明显表现出来，绝大部分滑移能量只可能消失在古拉陷槽附近，然而，古拉陷槽内地表却并未表现出十分强烈的压缩痕迹。

1. 古拉陷槽的形成过程分析

黑山坡滑坡的形成、发展及其未来的演化受到其自身结构构造因素和外在作用因素的共同影响。这些因素主要包括：岸坡砂泥岩互层物质组成及其结构特征、暴雨及地下水的渗透、地表水的冲刷侵蚀等。

黑山坡滑坡未形成之前，岸坡前临孟家沟河，不断冲刷、下切侏罗系上统蓬莱镇组上段的砂、泥岩互层，形成了向临空面倾斜的软弱基座型斜坡。坡体上平行岸坡的卸荷裂隙发育，并由地表向坡体深处发展，为岸坡的失稳奠定了基础。

根据从滑坡后缘出露的砂岩、泥岩及结合钻孔探测的滑坡土体特征，推测岸坡原始地形如图 4-18 所示。岸坡原始地形近于水平，倾角最大不超过 10°，物质组成为砂、泥岩互层，其中软弱夹层为泥岩。

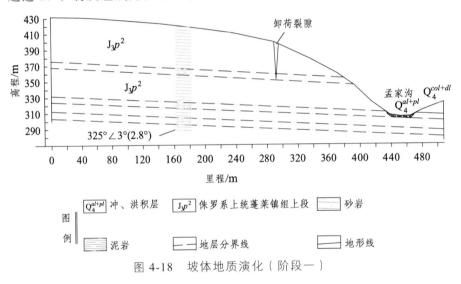

图 4-18 坡体地质演化（阶段一）

在构造历史时期，由于岸坡砂、泥岩互层的岩体结构，在高强度特大暴雨频发的情况下，岸坡变形破坏的可能性进一步增加。由于坡体中前部本身的临空条件较好，降雨沿着岸坡前缘的卸荷裂缝下渗，削弱了岩体的抗剪强度，同时在水的润滑作用下，使岸坡启动，产生水平推移，形成了如图 4-19 所示的地形。坡岸表层部分严重风化剥蚀，在坡体前缘形成崩坡积堆积体。

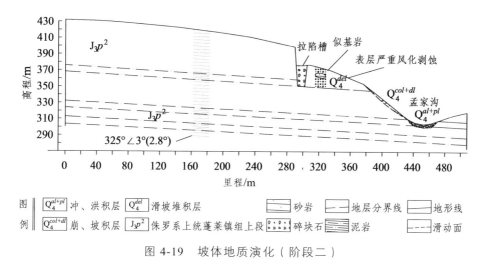

图 4-19　坡体地质演化（阶段二）

如图 4-20、图 4-21 所示，随着时间的推移，在形成最早的原始拉陷槽后，坡体前缘为其后部坡体的滑动提供了良好的临空条件。下一次滑移块体在后侧的裂隙静水压力和底部扬压力的共同作用下，沿着泥岩软弱层产生平推式滑动，岸坡的变形进一步发展。

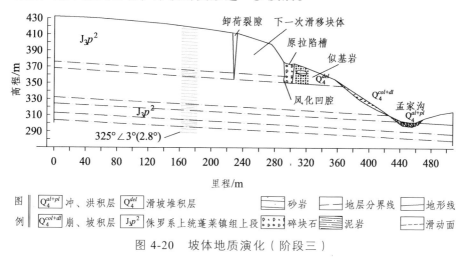

图 4-20　坡体地质演化（阶段三）

由于古滑坡发生滑移的时间已不可考证，只能推测分析古滑坡启动的条件。原斜坡在重力或者外部条件（如暴雨、地震）作用下，稳定性逐渐降低，一定程度后，坡体开始产生变形。根据现场调查，滑坡后缘有一近直立的陆崖，在暴雨等外部因素的作用下，加之坡体较为平缓，地表排水不畅，降雨很容易汇集到斜坡后缘。地下水对土体产生浸泡软化作用，从而降低土体抗剪强度，坡体开始产生变形。古斜坡前缘有较好的临空面（孟家沟河），因此斜坡整体往前缘推移变形。随着变形的不断发展，一方面拉张裂缝数量增加，分布范围增多；另一方面，各断续裂缝长度不断延伸增长，宽度和深度加大，并在地表相互连接，形成坡体后缘的弧形拉裂缝。随着时间的推移，在古滑坡发生前坡体基岩崩塌的砂泥岩已风化为含碎块石的粉质黏土。如图4-22所示。

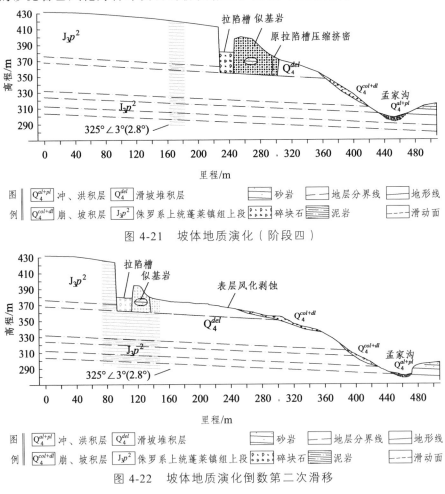

图 4-21　坡体地质演化（阶段四）

图 4-22　坡体地质演化倒数第二次滑移

在现存古拉陷槽形成后，后缘坡体的砂岩在风化作用下，不断剥落到拉陷槽内，形成拉陷槽内的含块石的粉质黏土。由于拉陷槽底部为透水性较差的泥岩，在降雨和地下水的共同作用下，对软弱层的泥岩不断侵蚀软化，在拉陷槽的底部形成一个风化泥岩凹腔，如图 4-23 所示。最新一次滑坡滑移时剖面图如图 4-24 所示。

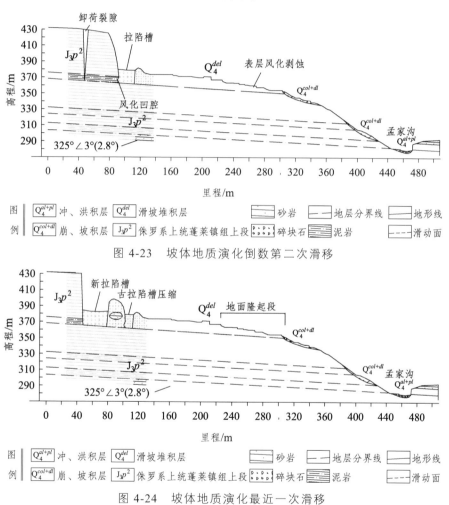

图 4-23 坡体地质演化倒数第二次滑移

图 4-24 坡体地质演化最近一次滑移

2. 古滑坡滑移后坡体岩土结构特征

1）古拉陷槽发育特征

从滑坡发生历史上看，可将滑坡体分为两部分，即新生基岩滑移体和古滑坡滑移体，两者体积比约为 1：7。古滑坡滑移后，在后缘发育一条长约 440 m、宽 8~16 m 的古拉陷槽，其中滑坡右侧边界附近仍保持较为明显的负地形形状，左侧则将近剥落夷平，以浅槽形式断续分布。

古拉陷槽内堆积大量搭接的砂岩及泥岩巨块石，粒径一般为 0.8~3.5 m，块石风化严重，钻探钻进时易碎，古拉陷槽内侧侧壁为后部山体的基岩陡壁，地表距离陡崖边缘 15~25 m 处发育一条明显裂隙，裂隙张开宽度一般为 20~50 cm，延伸长度约 25 m，局部被泥土填充，岩芯常呈砂状。

2）新拉陷槽发育特征

主轴断面上，新拉陷槽位于古拉陷槽后部约 50 m。2012 年 7 月 10 日，在持续暴雨作用下坡体整体发生了一次较为强烈的滑移变形，后缘陡崖区的岩体在卸荷裂隙充水后沿下部风化软弱面向前滑移，形成了一条错移距离达 5~26 m 的新拉陷槽，新拉陷槽左侧始于滑坡区左侧水沟附近，向右延伸至与古拉陷槽相连接，延伸长度约 158 m。拉陷槽内崩塌堆积大量块石和巨石，粒径 0.35~4.0 m 不等，交错搭接。

3）古滑坡滑移后坡体岩土特征分析

根据钻探对滑坡破碎带的分析，古滑坡滑面倾角应为 3°，也是一次平推式基岩滑坡，坡体滑移的动力主要来源于后缘基岩陡崖裂隙充水后水平作用力。古滑坡滑移后，古拉陷槽内堆积大量巨大块石，结构松散；古拉陷槽前部岩土体由于受到推挤而整体仍保持较好的似层状结构，岩土体结构仍十分密实。

3. 最近两次滑坡之间的年限内岩土体演化特征

古拉陷槽形成后，由于槽内堆积体结构松散，且古拉陷槽存在明显的负地形，后部山体的崩坡积物大都向槽内汇集，原堆积体间的空隙被逐步填塞，加上槽内堆积体本身的风化解体，槽内堆积体在自重作用下逐步固结。另外，由于古拉陷槽前部地形平缓，地表无纵向深沟切割，雨季时后部山体雨水向槽内汇集而无法顺畅排泄，大都以缓慢渗流的方式向前缘临空面排泄，槽内中下部堆积体被槽内积水浸泡时间相对较长，相对中上部堆积体其风化解体速度较快，同时渗流作用也易于将土体中的细颗粒带走，造成中下部堆积体逐步向底部掉落，长此以往，堆积体中部慢慢形成一中空的土洞。再者，古拉陷槽后侧山体靠近拉陷槽下部为泥岩、上部为泥质砂岩，岩体本身存在着风化差异，另外在槽内积水干湿交替作用下泥岩风化速度加快，岩体极度软化或泥化，靠近拉陷槽位置的泥岩颗粒可能被水流带走而形成凹腔。

根据坡体再次滑移后对新拉陷槽内岩土体的观测，下部泥岩已处于强风化甚至全风化状态，上部泥质砂岩在重力作用下从母岩中逐步分离并向槽内倾斜，从而形成一条大的风化卸荷裂隙。岩土体演化后剖面示意图见图 4-25、图 4-26。

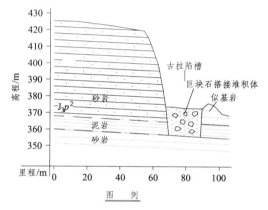

图 4-25 古滑坡滑移后剖面示意图

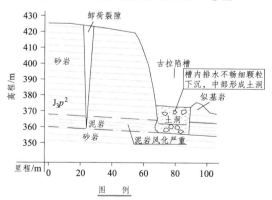

图 4-26 卸荷裂隙剖面示意图

4. 最近一次滑坡滑移变形过程分析

卸荷裂隙形成后，在后期连续暴雨条件下，由于地表排水不畅，地下水迅速抬升，在滑面处形成较大的扬压力，对古滑坡堆积体的抗滑力削减较大；同时，卸荷裂隙迅速充水后形成的 30~40 m 的水头压力，导致最近一次基岩滑移体开始滑移并首先推挤和压缩古拉陷槽内堆积体，随后将前部似层状的古滑坡堆积体向前推移，最近一次滑坡形成。

古拉陷槽内中部有一土洞，土洞上部、靠山侧的部分堆积体在压缩过程中斜向下剪切而向土洞内垮塌；同时，土洞底部岩土体在后部滑移基岩的推挤作用下向上内隆起，土洞被填满和压密；而土洞顶部、靠前侧的土体整体压缩量较小，因此，地表并未表现出明显的鼓胀变形痕迹。最近一次滑坡滑移启动时与启动后剖面示意图分别见图 4-27、图 4-28。

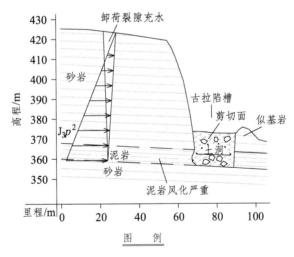

图 4-27 最近一次滑坡滑移启动时剖面示意图

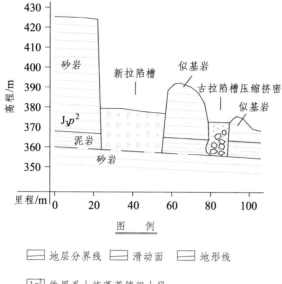

图例

▭ 地层分界线 ▭ 滑动面 ▭ 地形线

$\boxed{J_3p^2}$ 侏罗系上统蓬莱镇组上段

图 4-28 最近一次滑坡滑移后剖面示意图

4.4.4 滑坡稳定性评价

黑山坡滑坡滑移稳定后，新拉陷槽内充水高度达不到堆积体再次启动的临界水头，后期虽再次经历长时间暴雨，堆积体整体上仍表现得十分稳定，无变形迹象。然而，随着后部山体的风化演变，若干年后，后部山体可能会发生新的卸荷裂隙，进而导致新的基岩滑移，再次将如今的滑坡堆积体向前推移。

4.4.5 小　结

黑山坡滑坡为多次滑移破坏的平推式滑坡。所谓平推式滑坡，就是产状近水平的坡体在水压力的作用下发生的沿下伏软弱层面滑移的现象。此类坡体往往存在较陡的结构面（有利于形成较高的静水压力）以及软弱层面（有利于减小坡体向外滑动时的摩擦力）。

平推式滑坡一旦发生，由于拉陷槽的形成而导致水压力快速下降，滑坡滑移的动力也就随之快速减弱，滑坡再次整体启动的可能性较小。因此，平推式滑坡最有效的预防与治理措施就是加强对地下水和地表水的截、疏、排。

4.5　某场镇滑坡

该滑坡体宽约 40 m，纵向长约 25 m，根据已有勘查资料及本次现场勘查，滑体厚度一般为 8.0~10.0 m，总体积约 1.0×10^4 m^3，规模为小型；滑坡前后缘相对高差约 10 m，主滑方向 215°，滑坡平面形态呈"半椭圆"状。

2018 年 7 月该滑坡区域内遭遇强降雨，滑坡发生变形导致刚刚竣工不久的抗滑桩板墙内侧土体沉降，挡土板倾斜错位，错动距离 3~5 cm，抗滑桩向外倾斜（滑坡区内共有抗滑桩 9 根，除两侧外其余 7 根均发生倾斜，主轴断面处最大外倾位移为 27 cm），桩前土体沉降位移、水沟开裂错位；并导致抗滑桩板墙内侧宽约 8 m 的硬化平台地面中部形成 1 条横向裂缝，一般长 30~35 m，宽 5~10 cm，下错 5~10 cm。滑坡变形特征见图 4-29~图 4-32。

图 4-29　滑坡侧面全貌

图 4-30　滑坡前缘

图 4-31　桩后挡土板错位（俯视）

图 4-32　抗滑桩向外倾斜（侧视）

4.5.1　滑坡地质环境条件

1. 地形地貌

滑坡区后缘为镇政府办公楼，向临空面方向（滑坡主轴方向）依次为宽 4.0 m 的场镇公路、宽 8.0 m 的硬化平台地面、抗滑桩板墙，前缘为近饱和的粉质黏土及水塘。桩前土体由于长期受水塘内水体浸泡，土体近饱和并向水塘内蠕滑变形导致地表出现多条横向细小裂缝。

滑坡区处于场镇最低洼处。场镇排水系统不完善，汛期降雨时场镇地表水均汇集到滑坡区，从抗滑桩板墙顶部向下排泄。

2. 地层岩性

1）滑体物质组成

滑体主要由人工填土（Q_4^{ml}）及残坡积含角砾粉质黏土（Q_4^{el+dl}）组成。

（1）人工填土（Q_4^{ml}）：土黄色，松散，稍湿，含 10% 左右砾石、角砾，以泥岩为主，粒径 0.5～4.0 cm，次棱角状，夹少量植物根系，岩芯呈松散状、土柱状。

（2）含角砾粉质黏土（Q_4^{el+dl}）：棕红色，角砾主要为泥岩岩块或颗粒，含量约 20%，粒径主要集中在 0.2~0.5 cm，最大可见粒径 0.7 m，呈棱角—次棱角状，磨圆度较差，粒径级配较差，充填物主要为粉质黏土。

2）滑带土

经现场详细勘查，根据钻孔岩芯判断，滑带位于基覆界面处，此处以细颗粒的粉质黏土为主，湿，可塑—软塑，其强度较低。

3）滑床基岩

粉砂质泥岩：棕红色，呈块状—短柱状，岩体破碎，节理裂隙发育。表层强风化层厚 3.0~5.0 m。其饱和抗压强度为 1.01～4.11 MPa，软化系数小于 0.4，属软质岩。

3. 水文地质条件

（1）松散堆积层孔隙潜水：主要赋存于第四系人工填土及残坡积含角砾粉质黏土松散堆积层中，以潜水为主，水位埋深变化大，含水层较薄，分布面积较小，受季节性影响明显，渗透性较强，与地表水有密切的水力联系，在不同的地段表现为互补关系。本类地下水主要接受地表水和大气降水补给，汛期挡土板个别泄水孔有渗水现象。

（2）基岩裂隙水：主要赋存于白垩系下统粉砂质泥岩中，该类型水以大气降水及孔隙潜水补给为主，地下水流量随季节变化大；由于基岩裂隙分布不均匀，无统一水力联系，在接受大气降水和地表水补给后，表现出渗流各向异性的特点，运移带有局限性。此类型水的存在可降低岩体的抗剪强度，加快岩石风化，降低岩体的稳定性。

4.5.2　滑坡勘查

在对该场镇滑坡区进行详细的资料搜集整理分析的基础上，开展工程测量、工程地质测绘、槽探、钻探、室内试验等工作，根据勘查成果对滑坡进行综合分析研究，查明滑坡规模、滑面深度和滑体厚度，为滑坡治理方案提供了可靠的依据。

滑坡勘查主要完成工作量见表 4-5。

表 4-5　某场镇滑坡勘查主要工作量

项目名称		单位	完成工作量	备注
工程测量	1∶500 地形测图	km^2	0.015	
	1∶200 剖面测量	km	0.12	
	E 级 GPS 点	点	3	
	定位测量	组日	1	
工程地质测绘	1∶500 工程地质测绘	km^2	0.015	
	1∶200 剖面地质测绘	km/条	0.12/2	
工程地质勘探与原位测试	探槽	m^3/个	27.81/2	
	钻孔	m/孔	16.70/2	
室内试验	土样	组	4	
	岩样	组	4	
	水样	件	2	

4.5.3　滑坡变形破坏原因分析

结合既有资料及本次勘查成果，滑坡形成主要有以下几点：

（1）滑坡区原始地貌为负地形且为场镇最低点，利于地表水的汇集。

（2）坡体主要以第四系松散堆积的人工填土及含角砾粉质黏土为主，施工回填压实度不高，后期受自重固结沉降及公路汽车荷载影响，混凝土路面及内侧排水沟开裂，雨水及生活污水下渗，土体容重增大，抗剪强度降低，滑坡推力增大。

（3）在暴雨等不利条件下大量雨水下渗浸润基覆界面，致使其抗剪强度迅速降低，同时形成较大动水压力作用于原支挡结构上，滑坡加速变形，原有抗滑桩安全系数进一步降低。

（4）依据勘查成果，勘查区原抗滑桩嵌入段基岩为粉砂质泥岩，强风化带较厚且地处斜坡地段（基覆界面倾角约 35°），桩前襟边宽度不足，加之暴雨期间雨水下渗软化桩前嵌入段粉砂质泥岩导致桩前强风化泥岩破坏，桩前抗力段下移导致原抗滑桩实际嵌入段长度不够、桩侧总抗力不足，在滑坡推力及动静水压力作用下抗滑桩发生刚性转动，这也符合现场勘查原抗滑桩的变形特征。

4.5.4　滑坡主要治理工程措施

1. 方案论证

该滑坡抗滑桩实际为半坡桩，如果在既有变形的抗滑桩前布设新的抗滑桩支挡，由于基覆界面较陡且粉砂质泥岩软化系数较低、风化层较厚，将导致抗滑桩长度较大，治理工程不经济且存在安全隐患；如果在既有变形的抗滑桩上增设锚索或在既有变形的抗滑桩间布设肋板式锚索，则也会遇到肋板及锚索过长的问题。综合以上分析并结合本次勘查成果，支挡工程宜设置在既有抗滑桩板墙内侧。

2. 滑坡主要治理工程措施

在原有 7 根已变形抗滑桩（Z02~Z08 桩）的桩间后退 1.0~1.5 m 布设

新抗滑桩，承受全部下滑力。依据勘查成果，新增抗滑桩 6 根，桩长 21.0~22.0 m，桩间距 5.0 m，截面尺寸 1.5 m×2.0 m，嵌固端长度 10.0~11.0 m，岩性为中风化粉砂质泥岩，靠土侧配置 27Φ32 主筋，背土侧配置 9Φ32 主筋，箍筋配置 Φ12@300。

新抗滑桩顶设横向冠梁连接，采用连系梁连接新、老抗滑桩。冠梁截面 2.0 m×0.8 m，外侧采用 5Φ28 钢筋、内侧采用 5Φ25 钢筋；连系梁截面 1.5 m×0.8 m，底面采用 7Φ28 钢筋、顶面采用 7Φ25 钢筋。

对原抗滑桩与新桩桩间土采用袋装砂砾石换填。开挖至现地面下 3.0 m 后，平整底部，进行袋装砂砾石换填，袋装砂砾石最大粒径不大于 53 mm，粒径 4~50 mm 砾石占比不小于 60%，通过 0.075 mm 方孔筛占比不大于 8%。按间隔码好后，袋子之间空隙采用散装砂砾石回填平整后进行第二层施工，施工至现地面下 1.1 m 处完成第一道工序，待冠梁、连系梁施工完毕强度达到 75%以上后回填冠梁、连系梁之间空隙。

新修场镇公路内侧水沟。水沟边墙采用垂直式 C25 混凝土结构，墙高 0.6 m；护底采用 20 cm 厚 C25 混凝土浇筑；排水沟基底铺筑 20 cm 厚砂卵石垫层，压实系数不得小于 0.95，沟底纵坡大于 5%的沟段须采取阶梯状铺筑。

在所有原挡土板上新增两列泄水孔，保持排水通畅。对于高 1.5 m 的原挡土板，上、下部泄水孔分别离上、下边界 30 cm 左右，对于高 2.0 m 的原挡土板，上、下部泄水孔分别离上、下边界 50 cm 左右。采用钻孔机械直接钻进，确保在垂直方向上，尽量避开原挡土板的箍筋和受拉纵筋，可以在设计位置垂直上下移动 1~5 cm 进行钻孔。

4.6 内六铁路 K285 滑坡

内六铁路 K285 滑坡位于内江至六盘水铁路大关站至曾家坪子站区间，行政区划上属于云南省大关县天星镇青杠村。滑坡距离大关县天星镇约 6 km，距离彝良县城约 28 km。区内地势险要，交通困难。

内六铁路 K285 附近右侧山坡在 2013 年以前即出现规模较小的横向裂缝，但其发展趋势不明显。2013 年 7 月 28 日正值雨季，巡道人员按计划每天上山巡检时发现山体上部既有裂缝增宽并新增多条裂缝，后缘形成错台。7 月 29 日工务段现场核查并将核实情况上报铁路局工务处。7 月 31 日工务部门组织滑坡附近居民转移。8 月 1 日下午铁路局组织的专家组到达现场对滑坡进行勘验。8 月 2 日 00:37 内六铁路 K285+500～K285+855 段右侧山坡发生大面积滑坡，快速下滑的岩土体冲断轨排、掩埋线路、阻塞隧道，并将长约 240 m 的轨排掀出路基，造成内六铁路中断行车 18 天。滑坡变形特征见图 4-33～图 4-37。

（a）滑坡滑动前

（b）滑坡滑动后

图 4-33　滑坡滑动前后地形地貌对比

（a）后缘裂缝

（b）后缘错台

图 4-34　滑坡后缘的裂缝及错台

图 4-35　滑坡侧边界发育的剪切裂缝

图 4-36　滑坡前缘鼓胀垮塌推倒树木

图 4-37　240 m 轨排被推翻至坡下

内六铁路 K285 滑坡平面上呈舌形弧状，后缘圈椅形态明显。结合现场调查、钻探、物探成果综合分析，将滑坡分为Ⅰ区和Ⅱ区（图 4-38、图 4-39），总方量约 $100 \times 10^4 \ \text{m}^3$。

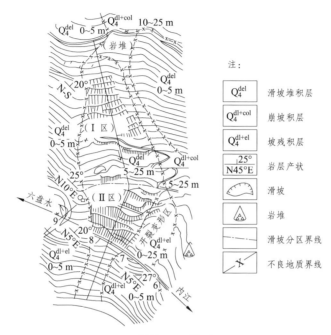

图 4-38   滑坡工程地质平面图

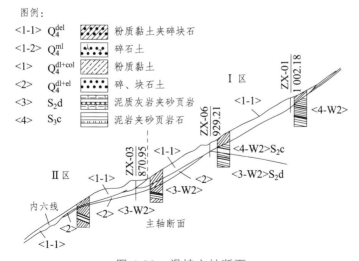

图 4-39   滑坡主轴断面

滑坡 I 区：分布于滑坡体上部，横向宽 100~200 m，纵向长约 320 m，主轴滑体厚 10~20 m；为主动滑动区，主滑方向 N32°E，与线路夹角约 50°，下滑过程中遇中部隐伏的基岩山脊阻挡（钻探揭示）转向覆于 II 区中后部。

滑坡 II 区：分布于滑坡体下部，顺线路方向宽度约 120 m，垂直线路方向长约 150 m，主轴滑体厚 10~15 m；为受推滑动区，主滑方向 N71°E 与内六铁路近于垂直（夹角约 88°），II 区物质在 I 区滑体重力和冲击力推动作用下产生滑动，从民房下临空面的陡坎底部剪出。

分析认为，I 区山体在出现明显滑坡迹象时，II 区坡体仍处于稳定状态；当 I 区山坡土体滑动后，大量下滑土体快速加载于 II 区斜坡中后部，致使 II 区斜坡失稳。

铁路右侧路堑边坡为基岩，堑顶上部为一段宽约 35 m 的缓坡，被垦为旱地，缓坡后为高 5~8 m 的土质陡坎。由于该陡坎的存在，形成了较高的临空面，从地形及断面分析判定，II 区斜坡在 I 区滑坡物质重力及冲击力推动下从临空面处剪出，然后高速冲下路基，其巨大的冲力瞬间剪断轨排，并将线路左侧路肩挡墙从腰部推断。

4.6.1 滑坡地质环境条件

1. 气象水文

滑坡区属北—中亚热带西部半湿润气候之高山峡谷干热区气候单元，气候冬寒夏凉，且多雨雾霜雪，昼夜温差可达 15°C，最低气温-21°C，日照长，蒸发旺盛，雨量集中，年降雨量的 70%集中在 5~9 月，干湿季分明，年平均日照时数 2 388 小时，最多达 2 688 小时。

根据气象资料，大关县 2013 年上半年持续干旱，自 7 月 1 日以来持续降雨，仅 7 月份的降雨量就达到 342.2 mm，7 月 31 日达 50.9 mm，远高于往年同月降雨量。大关及彝良境内山体产生多处滑坡、崩塌等地质灾害，多次导致高速公路及国道省道断道。

本区域的主要河流为洛泽河，位于滑坡前缘陡崖下部，属长江流域金沙江水系，为雨源型山区河流。区内山高坡陡，汇水面积大，地表水以径流及坡面漫流两种形态为主。

2. 地形地貌

内六铁路 K285 滑坡区属云贵高原高山峡谷地貌，地形陡峭、河谷深切，山脉以北东走向为主。滑坡区位于洛泽河深切 V 形河谷右侧凹岸坡地之上。滑坡区纵向呈上陡下缓形态，前后缘相对高差约 250 m，自然横坡达 25°~50°，局部多陡坎，前缘具有明显的临空面；横向呈 V 形，根据钻探揭露，滑坡区中部覆盖层厚约 20 m，两侧较薄且局部基岩出露。滑坡后缘上部为平缓农田台地，利于地表水的下渗。此地形地貌有利于滑坡体的形成。

3. 地质构造

滑坡区位于川滇交界东段北东向昭通断裂带北东端之西北侧。昭通断裂带属于大凉山次级地块东南缘边界断裂带，位于川滇地块与华南地块边界带上，由一系列大规模、结构复杂的逆冲断裂系组成。在卫星影像上其线性影像十分清晰，错断一系列山脊，形成断层垭口、断层槽谷等地貌。区内构造作用强烈，岩层主要产状为 S-N/11°W、N9°~10°E/22°~27°NW，同时发育有三组节理：N80°E/90°，N31°~36°E/50°~55°SE，N8°W/85°SW。

滑坡区内地震基本烈度为Ⅶ度，动峰值加速度 0.10 g，动反应谱特征周期为 0.45 s。本区地处较高地震烈度区，加之 2008 年"5·12"汶川大地震以后，区内地震活动较为活跃，降低了斜坡的稳定性，邻近地区斜坡地质灾害有加剧的趋势，已经形成了多起自然灾害。地震使斜坡表层土体结构更加松散，更有利于地表水的下渗，使自然地质环境条件进一步恶化。据有关部门统计，截至 2010 年 11 月底，该地区发生 3.0 级以上的地震有 7 次，4.0 级以上的地震有 2 次。2012 年 9 月 7 日 11 时 19 分、12 时 16 分，彝良县发生 5.7 级、5.6 级地震，震源深度 10 km。

4. 滑坡物质组成

斜坡区内出露的基岩由下至上依次为：志留系中统大路寨组（S_2d）泥质灰岩，志留系上统菜地湾组（S_3c）泥（页）岩，泥盆系下统（D_1）灰岩、生物灰岩夹粉砂岩。

滑坡体主要为第四系崩坡积（Q_4^{col+dl}）碎、块石土，稍湿，结构松散，其中块石约占 30%~50%，粒径 200~800 mm，个别达到 3 m 以上，石质成分主要为石英砂岩、泥质灰岩、灰岩等，粉质黏土充填，厚 15~30 m。

根据滑坡体中后部局部基岩出露情况及钻探揭示，该滑坡中上部滑带发育于志留系上统菜地湾组（S_3c）泥（页）岩顶面，下部滑动面呈带状发育于崩坡积块石土中的软弱带内。根据钻探结果显示，滑动带坡度 16°~28°，总体呈上陡下缓趋势。

滑床基岩上部为上志留统菜地湾组（S_3c）暗紫色—紫红色泥（页）岩偶夹石英砂岩及砂泥质白云岩，下部为中志留统大路寨组（S_2d）灰—灰绿色泥质灰岩、泥灰岩及灰岩，两套地层为整合接触。滑床基岩风化层较薄，完整性较好。

作者曾多次现场踏勘内六铁路 K285 滑坡，采集原状岩土体样品，通过室内物理力学试验得出其相关参数见表 4-6~表 4-8。

表 4-6 滑体物理力学参数

滑体	密度/（g/cm³）	泊松比	黏聚力/kPa	内摩擦角/（°）	弹性模量/MPa	剪切模量/MPa
天然	2.16	0.36	26	35	44.5	16.2
饱和	2.26	0.36	24	33.5	44.5	16.2

表 4-7 滑带物理力学参数

滑带	密度/（g/cm³）	泊松比	黏聚力/kPa	内摩擦角/（°）	弹性模量/MPa	剪切模量/MPa
天然	2.09	0.37	24.5	26	44.5	16.2
饱和	2.19	0.37	19.8	24	44.5	16.2

表 4-8　滑床物理力学参数

岩性	密度/（g/cm³）	泊松比	黏聚力/MPa	内摩擦角/（°）	弹性模量/（×10⁴MPa）	抗压强度/MPa	抗拉强度/MPa
泥灰岩	2.35	0.3	3.23	45	2.1	7	1.4

4.6.2　滑坡形成演化过程分析

从内六铁路 K285 滑坡的基本特征来看,滑坡形成演化的全过程是极其复杂的，为了便于分析，将该滑坡的形成演化过程分为 3 个阶段，即：易滑地形地貌的形成过程、堆积体的形成过程、滑坡的演化过程。

1. 易滑地形地貌的形成过程分析

滑坡区位于川滇交界东段北东向昭通断裂带西北侧，该区东侧是相对稳定的华南地块，西侧是构造活动强烈的川滇地块。第四纪以来，川滇地块及其周边区域主要以水平剪切变形为主，并伴有强烈的隆升运动，加之洛泽河剧烈下切使河谷在横断面上呈 V 形，造就了区内山高坡陡，地形陡峻，一般平均坡度 30°~45°以上，前缘具有较大的临空面。

区内构造作用强烈，受昭通断裂带的影响，岩体节理裂隙发育，岩体破碎。根据现场实地踏勘,滑坡区发育两组斜交节理:N31°~36°E/50°~55°SE，N8°W/85°SW，将岩体切割成楔形块体，在内外动力地质作用耦合情况下，一定深度范围内的楔形块体被剥蚀，斜坡体表面即形成了倾向临空面方向的楔形凹槽状负地形，为堆积体提供了储存空间。

2. 堆积体的形成过程分析

斜坡区内出露的基岩自下至上依次为：志留系中统大路寨组（S_2d）泥质灰岩，志留系上统菜地湾组（S_3c）泥（页）岩，泥盆系下统（D_1）灰岩、生物灰岩夹粉砂岩。

受昭通断裂带的影响，区内岩体节理裂隙发育、岩体破碎，斜坡区顶部的泥盆系下统（D_1）灰岩、生物灰岩夹粉砂岩在自重及风化、卸荷、地震等外力作用下容易发生崩塌或落石灾害，崩落的碎块石堆积在倾向临空面方向的楔形凹槽状负地形内。随着崩落次数的增多，斜坡区顶部的泥盆系下统（D_1）灰岩、生物灰岩夹粉砂岩临空面位置逐渐后退，使得志留系上统菜地湾组（S_3c）泥（页）岩出露地表并形成缓坡台地；与此同时，崩落的碎块石松散堆积体逐渐变厚，并达到 30°~40°的自然休止角，稳定在楔形凹槽状负地形内。

堆积体形成后，在自重、降雨冲刷、入渗等作用下，不断压密和固结，使原本较为松散的堆积体更为密实，此后的人工活动也在不断改变坡体形态。以上过程可使堆积体表面形成裂缝，但裂缝无明显规律性，贯通性和延展性差，但堆积体整体上仍能保持稳定。

这是斜坡演化过程中的一种自然现象。崩塌或落石堆积是滑坡发生的前提，大量的碎块石松散堆积体是形成滑坡的主要载体。

3. 滑坡的演化过程分析

堆积体形成后，表层的碎块石等粗粒物质在风化作用下逐渐解体成细粒物质，并随地表水的下渗逐渐向基覆界面运移、堆积，形成潜在滑动面（带）。泥岩及泥质灰岩为弱透水层，因此基覆界面是浅部地下水的汇集与径流通道。在降雨时堆积体内的水压力迅速增大，潜在滑动面（带）附近的岩土体物理力学参数大大降低，这是导致堆积体失稳的一个重要因素。

此阶段松散堆积体在自重作用下的下滑力逐渐增大，当下滑力与抗滑力相等时，坡体处于极限平衡状态，对内、外动力作用（降雨、地震等）非常敏感，如遇降雨或地震诱发，滑坡即可发生。

从地震和降雨发生的时间顺序来看，内六铁路 K285 滑坡是地震和降雨耦合作用诱发的结果。

2012 年 9 月 7 日彝良县发生 $M_S5.7$、$M_S5.6$ 地震，滑坡区位于地震Ⅵ度影响区内。此次地震未直接诱发滑坡的发生，说明斜坡体的下滑力仍小于抗滑力，但是，堆积体内部结构进一步被破坏，堆积体变松散，并在坡体上产生裂缝，其稳定性大大降低，整体处于临界失稳状态。大关县 2013 年上半年持续干旱，自 7 月 1 日以来持续降雨，仅 7 月份的降雨量就达到 342.2 mm，7 月 31 日降雨量达 50.9 mm。雨水沿坡体表面的裂缝下渗，使坡体内的孔隙水压力迅速增大，同时潜在滑动面（带）附近的岩土体物理力学参数大大降低，下滑力大大增加并超过抗滑力，遂于 2013 年 8 月 2 日 00:37 分，滑坡即被启动。

4.6.3　滑坡应急抢险

2013 年 8 月 1 日下午专家组现场调查情况如下：

（1）在斜坡上部（后缘）已形成长度达数十米的贯通裂缝，并发生了显著错动，最大裂缝宽度达 80 cm，最高错台已超过 2 m，并能听到坡体变形发出的清晰响声。

（2）沿变形区的两侧边界向下也观察到正在形成的剪切裂缝。

（3）斜坡中部的缓坡平台上的民房后侧，发现有土体鼓胀迹象，个别树木倾斜，乡村道路被错断，水沟开裂，一口泉水井水质明显变浑。

根据以上种种现象可以预见滑坡将很快发生，剪出口就在民房后侧。专家组要求工务段昼夜派人连续值守，做好应急抢险预案。

2013 年 8 月 2 日下午由成都铁路局副局长任组长的现场抢险组成立，专家组、勘查、设计、多家施工单位共同研究制订了抢险方案如下：

（1）在滑坡中上部大量清方减载；

（2）在滑坡中部缓坡处设置多排微型钢管桩，防止滑体进一步下滑；

（3）清理路基、隧道口及右侧坡面覆盖的滑坡岩土体；

（4）修复轨道恢复通车。

滑坡滑动后经过铁路局、设计、施工等单位的应急抢修，中断 18 天的内六铁路于 8 月 19 日 23:59 分恢复通车。

恢复通车后由勘查设计单位深入勘查研究永久治理方案。在应急抢险、勘查设计及施工阶段，该滑坡又发生过多次局部滑移。

4.6.4　滑坡主要治理工程措施

1. 清方减载

对坡面已溜坍的覆土清除，对滑坡体减载。对滑坡 I 区周界形成的临空面边坡刷缓，防止其溜坍，且减小滑坡推力。

2. 抗滑桩

由下而上，结合抢险工程中施工的微型组合桩，对滑坡主体共设置 5 排 C30 钢筋混凝土抗滑桩，另因滑坡后壁岩堆及下坝中桥小滑坡各设置一排 C30 钢筋混凝土抗滑桩，桩截面 1.5 m×2 m~2 m×3.5 m，共 191 根。

3. 锚索框架梁

对滑坡分区设 C30 钢筋混凝土锚索框架梁加固，框架梁间距（中—中）4 m，节点设一孔 6 束预应力锚索，锚索长度 22~30 m，共 11 排。

4. 隧道增设棚洞

对上坝 1 号隧道增设棚洞共 150 m。对棚洞顶靠近线路坡面和滑坡顶部，采用 C30 钢筋混凝土锚杆框架梁加固，框架梁间距（中—中）4 m，节点设一孔 Φ32 mm 锚杆，锚杆长度 7~13 m。

5. 截排水沟

在滑坡顶部及滑坡体外设环形截水沟，截面采用梯形，边墙坡率 1：0.5，设计沟底宽 1.0 m，深度不小于 1.5 m，厚 0.6 m；滑坡体内三大平台处设截水沟，采用梯形截面，边墙坡率 1：1.0，设计沟底宽 1 m，深 1.5 m，厚 0.6 m；其余小平台截水沟，采用矩形截面，设计沟底宽 0.4 m，深 0.6 m，厚 0.3 m。

4.6.5　小结

内六铁路 K285 滑坡从发现到启动成灾仅历时 5 天，对铁路工程造成了巨大破坏。因预警及时，防护得当，未造成铁路行车事故；对村民及时的转移，也避免了位于滑坡体上的 7 户 25 人的重大人员伤亡发生。因此，加强既有交通工程日常巡检很有必要，特别是对山区公路、铁路的路基（堑）边坡、隧道洞口边仰坡、桥梁岸坡及线路两侧的高陡自然斜坡，在汛期须开展雨中和雨后的现场巡察，发现有滑坡迹象及时开展监测和预警工作，能防能避当然最好，不可避免则要制订应急预案、做好应急抢险准备。

4.7　三凯高速新寨隧道进口滑坡

贵州三凯高速公路 K105+330 ~ K105+420 为新寨隧道进口段，其中 K105+330 ~ K105+350 为明洞段，其余为暗洞段，K105+260 ~ K105+330 为路堑路基，左侧边坡最高 40 余米。

2003 年 10 月，K105+260 ~ K105+330 段路基边坡已基本成形，正在刷坡施工隧道明洞时，左侧斜坡发生滑坡。距中线 80 m 范围内出现多处张裂缝，最外围一道主裂缝呈弧形，延伸达 200 多米，最宽达 0.5 m，最大错台约 0.5 m，形成明显的圈椅状滑坡壁，如图 4-40 所示，滑坡最高处距路线中线 80 m，与路面高差 55 m 左右。滑坡沿路线范围为 K105+288 ~ K105+384，上宽 40 m，下宽 97 m，主轴长 96 m，平均厚度 9 m 左右，体积近 $6×10^4$ m^3。滑体后缘高程为 847.34 m，前缘（冲沟底）高程 790.64 m，相对高差 56.7 m。

图 4-40　滑坡区地貌

4.7.1 滑坡地质环境条件

1. 气象水文

滑坡区地处亚热带气候区，年降雨量大于 1 400 mm，最大日降雨量 105 mm，为滑坡一大诱发因素。

2. 地形地貌

在地形地貌上，滑坡区位于山体鞍部东侧的一条大型冲沟谷坡中下部。公路线路沿坡脚以路堑通过，并以双联拱隧道通过该山体鞍部。冲沟横截面呈 V 形，右侧谷坡坡角 30°～40°。

3. 地层岩性

（1）覆盖层。

滑坡区地层较简单，表面为第四系残坡积覆盖层，其下为风化程度不等的基岩。覆盖层中耕植土层厚 0.3~1.0 m，结构松散至稍密；残坡积层厚 2.1~9.9 m，厚度变化大，为灰黄—褐黄色残坡积碎块石土，碎块石为强风化变余硅质细砂岩，直径 1.0~48 cm，含量 19%~49%，结构松散至稍密，强度低，地处陡斜坡上，稳定性极差，构成滑体上部主要物质。

（2）基岩。

滑坡区下伏基岩属番召组古老变余硅质细砂岩层和构造角砾岩。

强风化岩层：强风化基岩为变余硅质细砂岩，厚 1.0~14 m，变化极大，灰褐、淡黄色，原岩结构大部分破坏，尚存残余层理结构，极破碎，因其位于陡斜坡上而稳定性差，是构成滑体下部的主要物质，局部为滑床稳定层。

中风化岩层：中风化基岩为变余硅质细砂岩，厚 3～8 m，灰—深灰色中风化薄至中厚层变余硅质细砂岩，节理裂隙发育，裂隙面充填黏土、铁锰质氧化膜及石英脉，构造劈理发育，断口成锯齿状，较破碎，构成滑床下伏稳定层，是良好的抗滑桩基础持力层。

4. 地质构造

滑坡区位于贵州省东南部，在地质构造上属江南台隆（即江南古陆）东缘，是贵州基底大面积出露区，古陆主要由轻变质岩组成，边缘分布震旦系和寒武系地层。由于岩层经过了多次构造变动，紧密的线状褶皱及断裂构造发育，老的构造经多次断裂活动改造、复合已难以辨认，现以燕山期北东、北北东、北西西向构造最为显著。

公路线路位于北东向区域性大断裂—台江大断裂破碎带（冲沟底），滑坡所在斜坡位于大断裂南东盘变余硅质细砂岩分布区（冲沟右谷坡）。断裂破碎带构造角砾岩带宽数十米，角砾成分为粉砂质板岩，胶结物为断层泥，岩石破碎，糜棱岩化强烈，遇水易泥化，整体强度低，变余硅质细砂岩顺坡单斜产出，产状 $10°\angle35°$，倾角与坡角基本相同，坡角被切割时易失稳下滑。

受区域断层影响，区内岩体节理裂隙发育，主要为两组 X 形共轭节理，产状分别为 $147°\angle90°$、$88°\angle85°$、$310°\angle70°$、$40°\angle53°$，充填黏土、铁锰质氧化薄膜及石英脉，密度 23 条/m^2，岩体内构造劈理发育，密度 4~5 条/cm，使岩石断口呈锯齿状。节理劈理和层理切割岩石，使其破碎，完整性较差，为地表水下渗提供了良好的通道。

滑坡区地震烈度为Ⅵ度。

5. 水文地质条件

滑坡所在斜坡地下水为上层滞水和基岩裂隙水，其中耕植土、残坡积土体中以吸着水和毛细管水为主要形式赋存，强风化、中风化岩石以孔隙水和裂隙水为主要形式赋存。冲沟底地下水丰富，见多处下降泉点，泉点汇聚后形成一条小溪，流量 20 L/s，左幅路基（滑体前缘）见 2 个下降泉：1 号泉流量 2 m^3/d，2 号泉流量 21.6 m^3/d。水位高程 789.44 ～ 827.65 m，地下水随地形起伏变化。

4.7.2 滑坡成因机制分析

新寨隧道进口滑坡为残坡积土及强风化岩层沿顺坡倾向路基的岩土接触面、岩层层面滑动的牵引式工程新滑坡，其成因机制为：

（1）滑坡区位于一条大型冲沟上源谷坡中下部，坡面陡斜呈 30°～40°，坡面上分布厚度较大的残坡积土体及强风化岩体，其强度低，变化大，稳定性差，岩层产状及岩土接触面产状顺坡倾斜，为滑坡形成提供了地形及物质条件。

（2）受台江大断裂多期活动影响，滑坡区岩体节理裂隙及劈理密集发育，岩体破碎，水解黏土化沿裂隙面及层理面发育，两组 X 形节理切割岩层，破碎岩体易顺层滑动，形成顺层滑坡。

（3）冲沟底为地下水汇集区，谷坡岩土接触带及强风化带地下水较丰富，地下水对上述岩土体产生软化、托浮、水解作用，对接触带和岩石起润滑作用，使之形成准滑动面。同时丰富的地下水增大了上覆岩土体的自重和不稳定性。

（4）公路路堑开挖，切割不稳定斜坡坡脚，形成临空面，不稳定斜坡因应力释放破坏了原有平衡。

在上述因素的综合作用下，公路线路左侧不稳定斜坡体残坡积土及强风化破碎岩体发生顺层滑动，形成了牵引式工程新滑坡。

4.7.3 滑坡稳定性评价与计算

试验确定滑体岩土重度 γ=18.5 kN/m^3，滑带土内摩擦角 φ=23.1°、黏聚力 c=14.5 kPa。据主滑断面计算，滑坡稳定系数为 0.93，表明滑坡目前处于加速活动状态。取滑坡安全系数 K=1.2，计算得到滑坡中下部路基左侧 14 m 处推力为 2 356 kN/m。

由于滑面略高于路基面，路堑段开挖滑坡前部，失去自身阻滑力后，滑坡极易快速下滑。隧道段因最大推力在路基左侧，即隧道衬砌附近，易使隧道结构受力破坏。因此，对本滑坡必须采取有效措施加固，才能保证路堑边坡和隧道结构的安全。

4.7.4   滑坡主要治理工程措施

由于滑坡危及高速公路路堑边坡和隧道的安全，在考虑治理措施时必须坚持安全可靠、一次根治、不留后患的基本原则；而且要求治理措施技术可行、经济合理、施工方便；施工中须根据监控反馈信息调整设计，做到动态设计。最终确定的治理措施是：滑体中上部优化坡形、适当减载；中部采用预应力锚索框架加固；下部采用抗滑桩支挡，隧道段抗滑桩增加桩头预应力锚索，严格控制桩顶变形，确保隧道衬砌结构的安全；中部设仰斜排水孔疏排滑带地下水；整个坡面实施植草护坡，减少水土流失。见图 4-41~图 4-43。

（1）坡形坡率优化与刷坡减载。

为减小滑坡推力，节省工程投资，同时避免大量刷坡，对路堑段和隧道段滑体均采用 1:1~1:1.5 坡率刷坡减载。

路堑段设 4 级坡：一级坡坡率 1:0.5，高 10 m，平台宽 4.69 m；二级坡坡率 1:1，高 10 m，平台宽 3 m；三级坡坡率为 1:1，高 10 m，平台宽 2 m；四级坡到顶，坡率 1:1.5。

过渡段：桩顶以上设 2 级坡，平台宽度和坡率根据前后段渐变。

隧道段：桩顶以上设 2 级坡，一级坡坡率 1:1.25，高 10 m，平台宽度 2 m，二级坡坡率 1:1.5。

（2）预应力锚索框架。

在路堑段的二、三级坡和隧道段的一级坡上设预应力锚索框架，共设 22 片。框架横梁竖向间距 3.5 m，竖梁间距 4 m，横、竖梁截面 0.6 m×0.6 m，采用 C25 钢筋混凝土现浇。每片框架设 6 孔 750 kN 级预应力锚索，路堑段锚索长 21~23 m，隧道段锚索长 27 m，锚固段长度均为 10 m，锚索俯倾角 25°。

在过渡段的两级坡上根据实际坡率设锚墩预应力锚索，共设 12 个。锚墩竖向间距 3.5 m，横向间距 4 m，尺寸 1.5×1.5×0.6 m，采用 C25 钢筋混凝土现浇。每墩设 1 孔 750 kN 级预应力锚索，长 25 m，锚固段长度 10 m，锚索俯倾角 25°。

框架和锚墩均嵌入坡内 45 cm，外露 15 cm，填土植香根草防护。

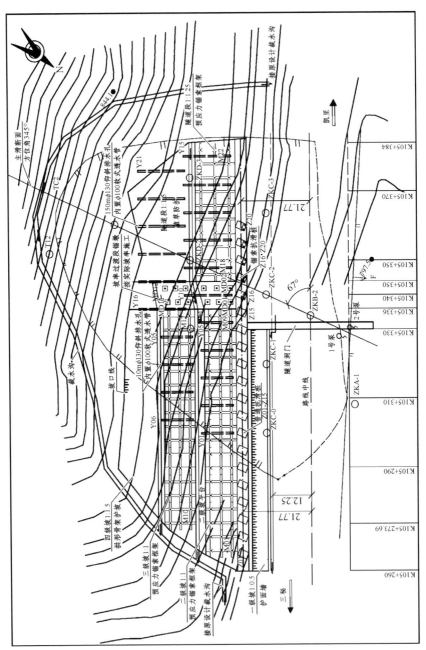

图 4-41 滑坡治理工程平面

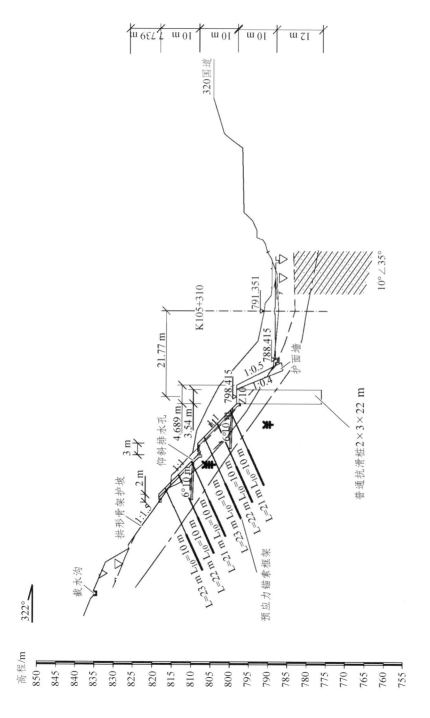

图 4-42 路基段治理工程剖面示意图

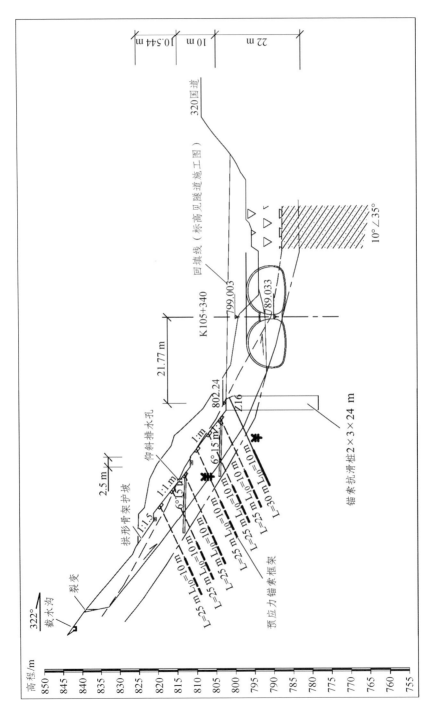

图 4-43　隧道段治理工程剖面示意图

（3）抗滑桩。

在滑体下部距路基中线 21.77 m 设一排抗滑桩，中—中间距 6 m，截面 2 m×3 m，桩长 22～28 m，桩身为 C25 混凝土，共 20 根。其中，路堑段为 15 根普通抗滑桩，隧道段为 5 根锚索抗滑桩，每根桩顶设 2 孔 750 kN 级预应力锚索，长 30 m，锚固段长度 10 m，倾角 25°。

（4）排水工程。

为防止滑坡外部的地表水流入滑坡区内，在滑坡边界外 5 m 设置一道矩形截水沟，将滑坡外围地表水截引至滑坡两侧排水沟。

在二级坡平台内侧设排水沟，汇集坡面流水至截水沟。

由于滑坡地下水丰富，为防止坡体内地下水长期滞留滑带而降低滑面的抗剪强度，在二级坡平台和桩顶处设置 2 排共 21 个仰斜排水孔引排地下水。排水孔穿过滑面，长 10～15 m，仰角 6°，孔径 ϕ130 mm，内置 ϕ100 mm 软式透水管，排水孔沿路线方向间距 8 m，施工时可视坡面出水情况适当调整孔位。

（5）坡面防护。

路堑段一级坡设加厚实体式护面墙，胸坡 1：0.5，背坡 1：0.4，顶宽 1 m，高 10 m，采用 M7.5 浆砌片石砌筑。

路堑段四级坡设拱形骨架护坡，框架内植香根草绿化。

锚索框架和护坡骨架内植香根草绿化，防止坡面被冲刷。

全部滑坡裂缝用黏土夯填，防止地面水渗入滑面。

4.7.5　小结

新寨隧道进口滑坡处于大断裂破碎带内，地质条件较复杂，为牵引式工程滑坡。在专项勘查的基础上，采取了减载、支挡、排水、护坡的综合治理措施，特别是在隧道段的抗滑桩上设置了预应力锚索，有效控制了桩顶变形，保证了隧道衬砌结构的安全。经过 1 年的变形监测表明，本滑坡的治理达到了设计目的，收到了良好的治理效果，为类似工程积累了一定经验。治理后的滑坡全貌见图 4-44。

图 4-44　治理后的滑坡全貌

参考文献

[1] 李铁峰. 灾害地质学[M]. 北京：北京出版社，2002.

[2] 徐邦栋. 滑坡分析与防治[M]. 北京：中国铁道出版社，2001.

[3] 黄润秋，许强. 中国典型灾难性滑坡[M]. 北京：科学出版社，2008.

[4] 王恭先，王应先，马惠民. 滑坡防治 100 例[M]. 北京：人民交通出版社，2008.

[5] 门玉明，王勇智，郝建斌，等. 地质灾害治理工程设计[M]. 北京：冶金工业出版社，2011.

[6] 胡厚田. 崩塌分类的初步探讨[J]. 铁道学报，1985，（2）.

[7] 中国地质灾害防治工程行业协会团体标准. 地质灾害分类分级标准（试行）: T/CAGHP 001—2018 [S]. 中国地质灾害防治工程行业协会，2018.

[8] 黄润秋. 20 世纪以来中国的大型滑坡及其发生机制[J]. 岩石力学与工程学报，2007，26（3）：433-454.

[9] 许强，李为乐，董秀军，等. 四川茂县叠溪镇新磨村滑坡特征与成因机制初步研究[J]. 岩石力学与工程学报，2017，36（11）：2612-2628.

[10] 邓建辉，高云建，余志球，等. 堰塞金沙江上游的白格滑坡形成机制与过程分析[J]. 工程科学与技术，2019，51（1）：9-16.

[11] 游勇，陈兴长，柳金峰. 四川绵竹清平乡文家沟"8·13"特大泥石流灾害[J]. 灾害学，2011，26（4）：68-72.

[12] 李械，陈琴德. 云南东川蒋家沟泥石流发生、发展过程的初步分析[J]. 地理学报，1979，34（2）：156-168.

[13] 康志成，李焯芬，马蔼乃. 中国泥石流研究[M]. 北京：科学出版社，2004.

[14] 陈俊勇，杨元喜，王敏，等. 2000 国家大地控制网的构建和它的技术进步[J]. 测绘学报，2007，36（1）：1-8.

[15] 杨元喜. 2000 中国大地坐标系[J]. 科学通报，2009，54（16）：2271-2276.

[16] 中华人民共和国国家标准. 全球定位系统（GPS）测量规范：GB/T 18314—2009 [S]. 北京：中国标准出版社，2009.

[17] 中华人民共和国国家标准. 工程测量标准：GB 50026—2020 [S]. 北

京：中国计划出版社，2020.

[18] 中华人民共和国国家标准. 国家基本比例尺地图图式第 1 部分:1：500　1：1000　1：2000 地形图图式：GB/T 20257.1—2017 [S]. 北京：中国标准出版社，2017.

[19] 中华人民共和国能源行业标准. 水电工程地质测绘规程：NB/T 10074—2018 [S]. 北京：中国水利水电出版社，2018.

[20] 中华人民共和国国家标准. 滑坡防治工程勘查规范：GB/T 32864—2016 [S]. 北京：中国标准出版社，2016.

[21] 中华人民共和国国家标准. 岩土工程勘察规范（2009 年版）：GB 50021—2001 [S]. 北京：中国建筑工业出版社，2009.

[22] 中华人民共和国国家标准. 工程岩体试验方法标准：GB/T 50266—2013 [S]. 北京：中国计划出版社，2013.

[23] 中华人民共和国国家标准. 土工试验方法标准：GB/T 50123—2019 [S]. 北京：中国计划出版社，2019.

[24] 王恭先，徐峻龄，刘光代，等. 滑坡学与滑坡防治技术[M]. 北京：中国铁道出版社，2004.

[25] 中华人民共和国国家标准. 建筑边坡工程技术规范：GB 50330—2013 [S]. 北京：中国建筑工业出版社，2013.

[26] 郑静. 滑坡稳定性评价的方法及标准[J]. 中国地质灾害与防治学报，2006，17（3）：53-57.

[27] 中华人民共和国行业标准. 公路工程地质勘察规范：JTG C20—2011 [S]. 北京：人民交通出版社，2013.

[28] 中华人民共和国行业标准. 公路路基设计规范:JTG D30—2015 [S]. 北京：人民交通出版社，2015.

[29] 中华人民共和国行业标准. 铁路工程不良地质勘察规程：TB 10027—2012 [S]. 北京：中国铁道出版社，2019.

[30] 中华人民共和国行业标准. 铁路路基支挡结构设计规范：TB 10025—2019 [S]. 北京：中国铁道出版社，2019.

[31] 中华人民共和国行业标准. 铁路路基设计规范：TB 10001—2016 [S]. 北京：中国铁道出版社，2017.

[32] 王振铎. 坡体平面旋转的初步研究[A]. 滑坡文集编委会. 滑坡文集[C]. 北京：中国铁道出版社，1997.

[33] 赵法锁，彭建兵，毛彦龙，等. 平面旋转变形边坡及形成条件初探[J]. 西北地质科学，1999（1）.

[34] 赵法锁，杜东菊，胡广韬. 平面旋转坡体的变形破坏[J]. 灾害学，1999（3）：1~6.

[35] 赵法锁. 坡体平面旋转变形机理及稳定性研究[D]. 西安：西安工程学院，1999.

[36] 赵法锁，王启姐，王勇智，等. 平面旋转坡体稳定性分析的悬臂梁法[J]. 岩土工程学报，2000，22（4）：493-496.

[37] DAI FUCHU, LEE C F, Wang Sijing. Analysis of rainstorm-induced slide-debris flows on natural terrain of Lautau Island, HongKong. Engineering Geology, 1999（4）: 279-290.

[38] WANG G X. Sliding mechanism and prediction of critical sliding of Huang Ci Landslide. In: Sassa K.Proc International Symposium on Landslide Hazards Assessment. Tokyo: Tokyto University Press, 1997, 37-44.

[39] WILSON S D, HILTS D E. Application of instrumentation to highway stability proble ms. In: Proc Joint ASCE-ASME National Transportation Engineering meeting. Now York, 1971.

[40] AZZONI A, CHIESA S, et al. The Valpoal landslide. Engineering Geology, 1992, 33.

[41] 马显春，王雷，赵法锁. 滑坡稳定影响因子敏感性分析及治理方案探讨[J]. 地质力学学报，2008，14（4）：381-388.

[42] 张咸恭，王思敬，张倬元，等. 中国工程地质学[M]. 北京：科学出版社，2000.

[43] Shubh Pathak Bjorn Nilsen. Probabilistic rock slope stability analysis for Himalayan condition[J]. Bulletin of Engineering Geology and the Environment，2004，63：25-32.

[44] 钱加欢, 殷宗泽. 土工原理与计算[M]. 北京:中国水利水电出版社,

1996.

[45] 侯化国，王玉民. 正交试验法[M]. 长春：吉林人民出版社，1985.

[46] 程靳，赵树山. 断裂力学[M]. 北京：科学出版社，2006.

[47] 龙驭球，包世华，袁驷. 结构力学Ⅰ[M]. 北京：高等教育出版社，2018.

[48] 孙训方，方孝淑，关来泰. 材料力学Ⅰ[M]. 北京：高等教育出版社，2009.

[49] 诺尔曼. 工程材料力学行为：变形、断裂与疲劳的工程方法[M]. 第4版. 北京：机械工业出版社，2016.

[50] 蒋忠信. 震后山地地质灾害治理工程勘查设计实用技术[M]. 成都：西南交通大学出版社，2018.

[51] 成永刚. 公路工程斜坡病害防治理论与实践[M]. 北京：人民交通出版社股份有限公司，2020.

[52] 马显春，上官力. 基于抗滑承载力的单排抗滑桩最大桩间距计算方法[J]. 中国地质灾害与防治学报，2018，29（2）：43-47+93.

[53] 马显春，罗刚，邓建辉，等. 陡倾滑面堆积层滑坡抗滑桩锚固深度研究[J]. 岩土力学，2018，39（S2）：157-168.

[54] 邓建辉，高云建，姚鑫，等. 八宿巨型滑坡的发现及其意义[J]. 工程科学与技术，2021，53（3）：19-28.

[55] 朱亮. 巴中黑山坡平推式滑坡成因机制及变形破坏演化过程分析[D]. 北京：中国铁道科学研究院，2014.

[56] 闻学泽，杜方，易桂喜，等. 川滇交界东段昭通、莲峰断裂带的地震危险背景[J]. 地球物理学报，2013，56（10）：3361-3372.

[57] 谷明成. 贵州省新寨工程滑坡成因及治理措施[J]. 中国地质灾害与防治学报，2007，18（S0）：16-18.